定期テスト
出るナビ

JN029512

中2理科

Gakken

は じ め に

中学生のみなさんにとって，年に数回実施される「定期テスト」は，重要な試験ですよね。定期テストの結果は，高校入試にも関係してくるため，多くの人が定期テストで高得点をとることを目指していると思います。

　テストでは，さまざまなタイプの問題が出題されますが，その1つに，しっかり覚えて得点につなげるタイプの問題があります。そのようなタイプの問題には，学校の授業の内容から，テストで問われやすい部分と，そうではない部分を整理して頭の中に入れて対策したいところですが，授業を受けながら考えるのは難しいですよね。また，定期テスト前は，多数の教科の勉強をしなければならないので，各教科のテスト勉強の時間は限られてきます。

　そこで，短時間で効率的に「テストに出る要点や内容」をつかむために最適な，ポケットサイズの参考書を作りました。この本は，学習内容を整理して理解しながら，覚えるべきポイントを確実に覚えられるように工夫されています。また，付属の赤フィルターがみなさんの暗記と確認をサポートします。

　表紙のお守りモチーフには，毎日忙しい中学生のみなさんにお守りのように携えてもらうことで，いつでもどこでも学習をサポートしたい！という思いを込めています。この本を活用したあなたの努力が成就することを願っています。

出るナビ編集チーム一同

出るナビシリーズの特長

定期テストに出る要点が
ギュッとつまったポケット参考書

　項目ごとの見開き構成で，テストに出る要点や内容をしっかりおさえています。コンパクトサイズなので，テスト期間中の限られた時間での学習や，テスト直前の最終チェックまで，いつでもどこでもテスト勉強ができる，頼れる参考書です。

見やすい紙面と赤フィルターで
いつでもどこでも要点チェック

　シンプルですっきりした紙面で，要点がしっかりつかめます。また，最重要の用語やポイントは，赤フィルターで隠せる仕組みになっているので，手軽に要点が身についているかを確認できます。

こんなときに
出るナビが使える！

持ち運んで，好きなタイミングで勉強しよう！　出るナビは，いつでも頼れるあなたの勉強のお守りです！

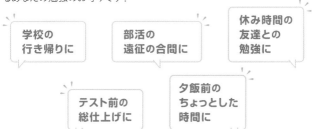

この本の使い方

**赤フィルターを
のせると消える！**
最重要用語や要点は，赤
フィルターで隠して確認で
きます。確実に覚えられた
かを確かめよう！

特にテストに出やす
い項目についてい
ます。時間がないときなど
は，この項目だけチェック
しておこう。

テストの例題チェック
テストで問われやすい内
容を，問題形式で確かめ
られます。

1章 化学変化と原子・分子 ── ①物質の成り立ち

3 原子と分子

1 原子

(1)原子 ─ 物質をつくっていて，そ
れ以上分けられない最小の粒子。
(2)原子の性質
　①化学変化によって，それ以上分
　割できない。
　②化学変化によって，なくなった
　り，新しくできたり，ほかの種
　類の原子に変わったりしない。
　③原子の種類によって，質量や大きさが決まっている。

- 分けられない。
- なくならない。
- 新しくできない。
- 変わらない。 銅 ✕→ 金
- 質量が異なる。

・原子の性質

くわしく
原子1個の大きさは種類によってちがう。いちばん小さい水素原子はおよ
そ1cmの1億分の1である。

2 元素と元素記号

(1)元素 ─ 原子の種類。
(2)元素記号 ─ 元素を，アルファベッ
ト1文字か2文字で表したもの。
　①非金属 ─ H 水素　C 炭素
　　　　　　N 窒素　O 酸素　S 硫黄

鉄 **Fe**
活字体の─　　─活字体の
大文字で書く。　小文字で書く。
読み方 エフ,イー
・元素記号の書き方

　②金属 ─ **Na** ナトリウム　**Mg** マグネシウム　**Cu** 銅　**Ag** 銀
(3)周期表 ─ 元素を原子番号（原子の構造をもとにつけた番号）
の順に並べた表。縦の列に性質の似た元素が並ぶ。

14

中2理科の特長

◎図や表を豊富に使って，わかりやすくまとめてあります。
◎テスト必出の実験・観察のポイントや，暗記術，
　ミス対策の紹介など，得点アップの工夫がいっぱい！

テストでは 原子と分子のちがいや分子をモデルで表す問題がよく出る。代表的な分子をモデルで表せるように練習しておこう。

3 | 分子

(1) 分子…いくつかの原子が結びついた, 物質の性質を示す最小の粒子。

(2) 分子の成り立ち…分子は物質によって決まった種類の原子が決まった数で結びついている。
例　酸素分子…酸素原子 2 個
　　水素分子…水素原子 2 個
　　水分子…水素原子 2 個,
　　　　　　酸素原子 1 個

酸素
酸素原子

水素
水素原子

二酸化炭素
炭素原子

アンモニア
窒素原子

水

分子のモデル

4 | 分子をつくらない物質

(1) 鉄, 銀などの金属, 炭素など
　…1 種類の原子が多数集まっている。

(2) 塩化ナトリウム, 酸化銀など
　…2 種類の原子が交互に並んでいる。

銀

塩化ナトリウム

銀と塩化ナトリウムのモデル

― テストの例題チェック ―

① 物質をつくる粒子で, それ以上分けられないものは？　[原子]
② 原子の種類を何という？　[元素]
③ H で表される元素は何？　[水素]
④ ナトリウムの元素記号は何？　[Na]
⑤ 原子がいくつか結びついた, 物質の性質を示す最小の粒子は？　[分子]

15

テストでは

テストで問われやすい内容や, その対策などについてアドバイスしています。

本文をより理解するためのプラスアルファの解説で, 得点アップをサポートします。

ミス注意

テストでまちがえやすい内容を解説。

くわしく

本文の内容をより詳しく解説。

暗記術

暗記に役立つゴロなどを紹介。

参考

知っておくと役立つ情報など。

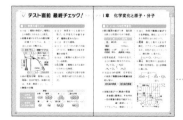

テスト直前 最終チェック！

I章　化学変化と原子・分子

テスト直前
最終チェック！で
テスト直前もバッチリ！

テスト直前の短時間でもパッと見て
要点をおさえられるまとめページもあります。

もくじ

4章 天気とその変化

が暗記アプリでも使える！

ページ画像データをダウンロードして，
スマホでも「定期テスト出るナビ」を使ってみよう！

|||||||| 暗記アプリ紹介＆ダウンロード 特設サイト ||||||||

スマホなどで赤フィルター機能が使える便利なアプリを紹介します。下記のURL，または右の二次元コードからサイトにアクセスしよう。自分の気に入ったアプリをダウンロードしてみよう！

`Webサイト` https://gakken-ep.jp/extra/derunavi_appli/

「ダウンロードはこちら」にアクセスすると，上記のサイトで紹介した赤フィルターアプリで使える，この本のページ画像データがダウンロードできます。使用するアプリに合わせて必要なファイル形式のデータをダウンロードしよう。

※データのダウンロードにはGakkenIDの登録が必要です。

ページデータダウンロードの手順

① アプリ紹介ページの「ページデータダウンロードはこちら」にアクセス。

② Gakken IDに登録しよう。

③ 登録が完了したら，この本のダウンロードページに進んで，
　下記の『書籍識別ID』と『ダウンロード用PASS』を入力しよう。

④ 認証されたら，自分の使用したいファイル形式のデータを選ぼう！

書籍識別ID	testderu_c2s
ダウンロード用PASS	tW5xqGpE

〈注意〉
◎ダウンロードしたデータは，アプリでの使用のみに限ります。第三者への流布，公衆への送信は著作権法上，禁じられています。◎アプリの操作についてのお問い合わせは，各アプリの運営会社へお願いいたします。◎お客様のインターネット環境および携帯端末によりアプリをご利用できない場合や，データをダウンロードできない場合，当社は責任を負いかねます。ご理解，ご了承いただきますよう，お願いいたします。◎サイトアクセス・ダウンロード時の通信料はお客様のご負担になります。

I 加熱による分解

1 分解

(1) **分解** … 物質がもとの物質とは性質がちがう，**2種類以上の別の物質に分かれる変化。**

①**熱による分解（熱分解）**

… 酸化銀や炭酸水素ナトリウムを**加熱する**と，分解が起こる。

物質A ➡ 物質B ＋ 物質C ＋…

②**電気による分解（電気分解）** … 水や塩化銅水溶液に**電流を流す**と，分解が起こる。

(2) **化学変化（化学反応）** … 分解のように，**もとの物質とは性質がちがう別の物質に変わる変化。**

2 酸化銀の分解

● **酸化銀の加熱** …銀と酸素に分解する。酸化銀 → 銀＋酸素

①**酸化銀** …黒色の粉末。電気を通さない。

②**銀** …白っぽい金属。

▶ かたいものでこすると**金属光沢**を示し，かなづちでたたくとのびる。電気を通す。（うすく広がる）

③**酸 素** …火のついた線香を入れると，線香が炎を上げて燃える。

酸化銀の分解

テストでは 炭酸水素ナトリウムを加熱したときにできるそれぞれの物質と，その性質が問われる。加熱してできた物質の確認のしかたもおさえておこう。

3│炭酸水素ナトリウムの分解

● **炭酸水素ナトリウムの加熱** … 炭酸ナトリウム，水，二酸化炭素 に分解する。

　　炭酸水素ナトリウム → 炭酸ナトリウム＋水＋二酸化炭素

①**炭酸水素ナトリウム**

　…白色の粉末。**水溶液 は弱いアルカリ性。**

②**炭酸ナトリウム**

　…白色の粉末。**水によ くとけ，水溶液は強い アルカリ性。**

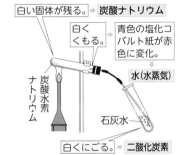

白い固体が残る。→ 炭酸ナトリウム

白くくもる。→ 青色の塩化コバルト紙が赤色に変化。→ 水(水蒸気)

石灰水

白くにごる。→ 二酸化炭素

炭酸水素ナトリウム

▲ 炭酸水素ナトリウムの分解

③**水** … 水蒸気として発 生。冷えて水滴になる。

④**二酸化炭素** … 石灰水に通すと，**白くにごる。**

🔧 **くわしく**

加熱するときに試験管の口を底より少し下げるのは，生じた水滴が試験管の加熱部分に流れて試験管が急に冷やされ，割れることを防ぐため。

📝 テストの例題チェック

① 物質が，2種類以上の別の物質に分かれる化学変化を何という？　　［ 分解 ］

② 酸化銀は，加熱すると，銀と何に分解する？　　［ 酸素 ］

③ 炭酸水素ナトリウムは，加熱すると，炭酸ナトリウムと水のほかに何が発生 する？　　［ 二酸化炭素 ］

2 電気分解

☑ 1 水の電気分解

(1) **電気分解**…電流を流して物質を分解すること。

(2) **水の電気分解**…右図のように、水に少量の**水酸化ナトリウム**をとかして**電流を流す**と、水は**水素**と**酸素**に分解する。

水 → 水素 + 酸素

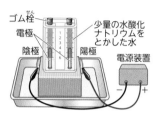

水の電気分解

(3) **電極で発生する気体と体積の比**

① **陰極（－極側）**…**水素**が発生。

② **陽極（＋極側）**…**酸素**が発生。

③ **気体の体積の比**

…水素 : 酸素 ＝ 2 : 1
　　陰極　　陽極

(4) **発生した気体の確認法**

① **水素**…マッチの火を近づけると、ポッと**音**を立てて燃える。

② **酸素**…火のついた線香を入れると、**線香は炎を上げて燃える**。

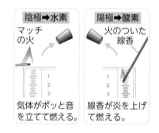

陰極➡水素	陽極➡酸素
マッチの火	火のついた線香
気体がポッと音を立てて燃える。	線香が炎を上げて燃える。

電極で発生した気体の確認法

❖ くわしく

水に水酸化ナトリウムを少量とかすわけ…純粋な水は電流を流しにくいので、そこに少量の水酸化ナトリウムを加えると、電流が流れ、水が分解される。このとき、水酸化ナトリウム自身の量は変化しない。

テストでは 水の電気分解では，陰極と陽極に発生する気体と体積の比がよく問われる。水に水酸化ナトリウムをとかす理由も理解しておこう。

2│塩化銅水溶液の電気分解

(1)**塩化銅水溶液の電気分解**…**銅**と**塩素**に分解する。

塩化銅 → 銅 + 塩素

(2)**電極での変化**

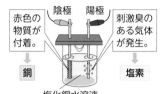

①**陰極**…**赤色**の**銅**が付着。

②**陽極**…**刺激臭**のある**塩素**

が発生する。

(3)**生じた物質の確認法**

①**銅** … 電極からかきとり，

　こすると光る（**金属光沢**）。

②**塩素**…プールの消毒薬のような**刺激臭**がある。

　陽極付近の液を，赤インクをうすめた水に入れると，赤イン

　クの**色が消える**。

▲塩化銅水溶液の電気分解

✎ テ ス ト の 例 題 チ ェ ッ ク

① 水を電気分解するとき，水に少量とかす物質は何？　　[水酸化ナトリウム]

② 水を電気分解したとき，陽極に発生する気体は何？　　　　　　　[酸素]

③ 水の電気分解で，陰極と陽極に発生する気体の体積の比を最も簡単な整数比
　で表すと？　　　　　　　　　　　　　　　　　　　[陰極：陽極＝2：1]

④ 水の電気分解で，マッチの火を近づけると，気体が燃えるのは陽極と陰極の
　どちらの気体？　　　　　　　　　　　　　　　　　　　　　　　[陰極]

⑤ 塩化銅水溶液を電気分解したとき，刺激臭のある気体が発生するのは，陽極
　と陰極のどちら？　　　　　　　　　　　　　　　　　　　　　　[陽極]

3 原子と分子

1│原子

(1)**原子**…物質をつくっていて，それ以上分けられない最小の粒子。

(2)**原子の性質**

①化学変化によって，それ以上**分割できない**。

②化学変化によって，**なくなったり，新しくできたり，ほかの種類の原子に変わったりしない**。

③原子の種類によって，**質量や大きさが決まっている**。

分けられない。	
なくならない。	
新しくできない。	
変わらない。	銅 → 金
質量が異なる。	金／銅

▲原子の性質

くわしく

原子1個の大きさは種類によってちがう。いちばん小さい水素原子はおよそ1cmの1億分の1である。

2│元素と元素記号

(1)**元素**…原子の種類。

(2)**元素記号**…元素を，**アルファベット1文字か2文字**で表したもの。

鉄 Fe
活字体の大文字で書く。└┘活字体の小文字で書く。

読み方 エフ，イー

▲元素記号の書き方

①**非金属**…H 水素　C 炭素
N 窒素　O 酸素　S 硫黄

②**金属**……Na ナトリウム　Mg マグネシウム　Cu 銅　Ag 銀

(3)**周期表**…元素を原子番号（原子の構造をもとにつけた番号）の順に並べた表。**縦の列に性質の似た元素が並ぶ**。

テストでは 原子と分子のちがいや分子をモデルで表す問題がよく出る。代表的な分子をモデルで表せるように練習しておこう。

3 | 分子

(1) **分子** … いくつかの原子が結びついた，物質の性質を示す最小の粒子。

酸素
酸素原子

水素
水素原子

(2) **分子の成り立ち** … 分子は物質によって**決まった種類**の原子が**決まった数**で結びついている。

二酸化炭素
炭素原子

アンモニア
窒素原子

例 酸素分子 … 酸素原子 2 個
　水素分子 … 水素原子 2 個
　水分子 … 水素原子 2 個，
　　　　　　酸素原子 1 個

水

▲分子のモデル

4 | 分子をつくらない物質

(1) 鉄，銀などの金属，炭素など
　… **1 種類**の原子が多数集まっている。

(2) 塩化ナトリウム，酸化銀など
　… **2 種類**の原子が**交互**に並んでいる。

銀　　塩化ナトリウム

▲銀と塩化ナトリウムのモデル

✐ テ ス ト の 例 題 チ ェ ッ ク

① 物質をつくる粒子で，それ以上分けられないものは？　　　　　　［ 原子 ］
② 原子の種類を何という？　　　　　　　　　　　　　　　　　　　［ 元素 ］
③ H で表される元素は何？　　　　　　　　　　　　　　　　　　　［ 水素 ］
④ ナトリウムの元素記号は何？　　　　　　　　　　　　　　　　　［ Na ］
⑤ 原子がいくつか結びついた，物質の性質を示す最小の粒子は？　　［ 分子 ］

4 物質の表し方①

☐ 1│単体と化合物

(1)**単体** … 1種類の元素から
できている物質。これ以上
別の物質に分解できない。

例 水素，酸素，銅など。

(2)**化合物** … 2種類以上の元
素からできている物質。

例 水，酸化銀，
二酸化炭素など。

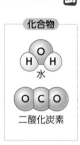

▲ 単体と化合物

☐ 2│化学式

(1)**化学式** … 元素記号を使って，物質の成り立ちを表した式。

(2)**化学式の書き方**

　①**原子の数の表し方**

　　… 物質の**元素記号**の右
　　下に，原子の個数を表
　　す数字を小さく書く。

　②**元素記号を書く順序**

　　… 金属を先に書き，
　　酸素などはあとに書く。

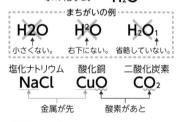

水の化学式…… H_2O

▲ 化学式の書き方

ミス注意

原子の数が1個のときは，元素記号の右下に1は書かない。

テストでは 水，二酸化炭素，水素，酸素などの化学式がよく出る。正確に書けるようにしよう。

☑ 3 | 分子をつくる物質の化学式の書き方

(1) 単体の場合

… 元素記号の右下に，原子の数を表す数字を小さく書く。

単体

例　水素の分子 …
水素原子 2 個

分子のモデル

水素

化学式

H_2

原子の数は，元素記号の右下に小さく書く。

(2) 化合物の場合

… 1 つの分子をつくる原子の種類と，それぞれの原子の数を表す数字を小さく書く。

化合物

例　水の分子 …
水素原子 2 個と酸素原子 1 個

分子のモデル

水

化学式

H_2O

分子をつくる原子の数を書く。

1 は書かない。

例　二酸化炭素の分子 … 炭素原子 1 個と酸素原子 2 個

分子のモデル

二酸化炭素

化学式

CO_2

1 は書かない。

分子をつくる原子の数を表す。

✐ テ ス ト の 例 題 チ ェ ッ ク

① 1 種類の元素からできている物質を何という？　　　　　　　　　[単体]
② 水や二酸化炭素は，単体と化合物のどちら？　　　　　　　　　[化合物]
③ これ以上分解できない物質は，単体と化合物のどちら？　　　　　[単体]
④ H_2 や O_2 の右下の数字は，何の数を表している？　　　　　　[原子]
⑤ 水の化学式は？　　　　　　　　　　　　　　　　　　　　　　[H_2O]
⑥ CO_2 は何という物質の化学式を表している？　　　　　[二酸化炭素]

5 物質の表し方②

☐ 1│分子をつくらない物質の化学式の書き方

(1) 単体の場合

…物質の元素記号をそのまま書く。

単体 例 銀 … 多数の銀原子が集まっている。

原子の並び方 ➡ 基本を見ると ➡ 化学式

Ag ➡ Ag ➡ **Ag**

銀

銀原子が並んでいる。

(2) 化合物の場合

…化合物をつくる原子の種類とその数の割合がわかるように書く。

化合物 例 酸化銅…銅原子と酸素原子が1：1の割合で結びついている。

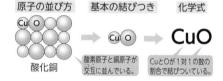

原子の並び方 ➡ 基本の結びつき ➡ 化学式

Cu O ➡ Cu O ➡ **CuO**

酸化銅

酸素原子と銅原子が交互に並んでいる。

CuとOが1対1の数の割合で結びついている。

☐ 2│純粋な物質と混合物

(1) 純粋な物質（純物質）

… **1種類の物質**からできている。**単体**と**化合物**に分けられる。 例 水素，酸素，水など。

(2) 混合物

… **2種類以上の物質**が混ざり合ったもの。

例 空気（酸素，窒素など），食塩水（水と塩化ナトリウム）など。

❖ くわしく

化合物と混合物のちがい… 2種類以上の物質が結びついてできた化合物は，結びつく前の物質の性質はもっていないが，いくつかの物質が混ざっただけの混合物は，混ざっている物質の性質をそれぞれもっている。

テストでは 単体と化合物を区別する問題がよく出る。それぞれのちがいと具体的な物質の例をしっかりつかんでおこう。

☑ 3 | 物質の分類

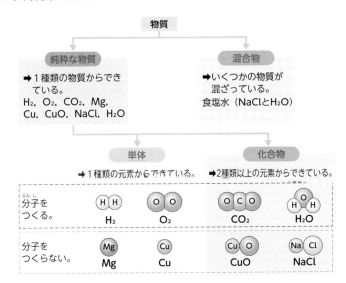

物質

純粋な物質
➡1種類の物質からできている。
H_2, O_2, CO_2, Mg, Cu, CuO, NaCl, H_2O

混合物
➡いくつかの物質が混ざっている。
食塩水（NaClとH_2O）

単体
➡1種類の元素からできている。

化合物
➡2種類以上の元素からできている。

分子をつくる。	H H H_2	O O O_2	O C O CO_2	H O H H_2O
分子をつくらない。	Mg Mg	Cu Cu	Cu O CuO	Na Cl NaCl

✎ テスト の 例 題 チェック

① 金属のマグネシウムの化学式は？　　　　　　　　　　　　　　　[Mg]

② 空気は，純粋な物質と混合物のどちら？　　　　　　　　　　　　[混合物]

③ 純粋な物質は，単体と何に分けられる？　　　　　　　　　　　　[化合物]

④ 水，銅，酸化銅のうち，分子をつくる物質は？　　　　　　　　　[水]

⑤ 塩化ナトリウムは分子をつくる？　つくらない？　　　　　　　　[つくらない]

⑥ Cu，H_2，H_2O のうち，化合物で分子をつくるものは？　　　　　[H_2O]

6 物質の結びつき

1 物質が結びつく変化

(1) **化合物** … 2種類以上の物質が結びついてできる物質。

$$\boxed{物質A + 物質B \rightarrow 化合物}$$

(2) **鉄と硫黄の結びつき**
… 鉄と硫黄の混合物を加熱すると，鉄と硫黄が結びついて**硫化鉄**ができる。

鉄 ＋ 硫黄 → 硫化鉄

(3) **反応の前後での物質の性質** … 反応後にできた硫化鉄は，鉄や硫黄とは**性質のちがう全く別の物質**である。

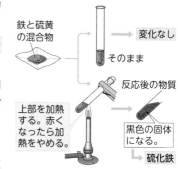

鉄と硫黄の混合物

変化なし

そのまま

反応後の物質

上部を加熱する。赤くなったら加熱をやめる。

黒色の固体になる。

硫化鉄

鉄と硫黄の結びつき

	鉄と硫黄の混合物	硫化鉄
色	鉄…銀白色，硫黄…黄色	黒色
磁石との反応	鉄は磁石につく。硫黄はつかない。	磁石につかない。
うすい塩酸との反応	鉄が塩酸と反応して水素（無臭）が発生する。硫黄は塩酸と反応しない。	硫化鉄が塩酸と反応して硫化水素（腐卵臭）が発生する。

くわしく

硫化水素は，無色でゆで卵のようなにおい（腐卵臭）のする有毒な気体である。においを調べるときは，試験管の口に直接鼻を近づけないで，手であおぐようにしてかぐ。

☐ 2 いろいろな物質の結びつき

(1)**水素と酸素の結びつき**
…水素と酸素の混合気体に点火すると水ができる。

　　水素＋酸素 → 水

▶ 水は青色の**塩化コバルト紙**が**赤（桃）**色に変わることで確認。

反応前　　　　点火　　　　反応後

水素と酸素の混合気体

ポリエチレンの袋
塩化コバルト紙（青色）

爆発音が上がる。

赤(桃)色に変化。
➡水ができた。

水素と酸素の結びつき

(2)**炭素と酸素の結びつき**…木炭（炭素）を燃やすと，炭素が空気中の酸素と結びついて**二酸化炭素**ができる。

　　炭素＋酸素 → 二酸化炭素

(3)**銅と硫黄の結びつき**…硫黄の蒸気に加熱した銅線を入れると，**硫化銅**ができる。

　　銅 ＋ 硫黄 → 硫化銅

▶ 硫化銅は黒色でもろい。
└─ 銅，硫黄のどちらとも性質のちがう物質。

加熱した銅線

硫黄

硫化銅

銅と硫黄の結びつき

📝 テ ス ト の 例 題 チ ェ ッ ク

① 鉄と硫黄の混合物を加熱してできる物質は？	[硫化鉄]
② 鉄と硫黄が結びついてできた物質は何色？	[黒色]
③ 硫化鉄に塩酸を加えたとき，発生する気体は？	[硫化水素]
④ 水素と酸素が結びついてできる物質は？	[水]
⑤ 水を確認する試験紙は何？	[塩化コバルト紙]

7 化学反応式

☑ 1 | 化学反応式

(1) **化学反応式**…化学式を用いて，物質の化学変化を表した式。

例　炭素と酸素が結びつく化学反応式

(2) **係数**…化学反応式で，ある分子や原子がいくつあるかを表す数字。

例　$3H_2$…水素分子が 3 個
　　└係数

☑ 2 | 化学反応式の書き方

(1) **化学反応式を書く手順**

① 「**反応前の物質→反応後の物質**」の形で表す。

② 各物質を**化学式**で表す。

③④ 矢印の左右で，**原子の種類と数が合う**ように**係数**をつける。

① 水素＋酸素 →水

② $H_2 + O_2 \rightarrow H_2O$

③ $H_2 + O_2 \rightarrow 2H_2O$

④ $2H_2 + O_2 \rightarrow 2H_2O$ **完成**

化学反応式を書く手順

(2) **化学反応式からわかること**

① 反応前の物質・反応後の物質

② 反応にかかわる物質の**分子や原子の数の関係**がわかる。

✏️ くわしく

化学反応式の矢印の左右で原子の数を合わせるわけ…化学変化の前後で，原子がなくなったり，新しくできたりすることはない。そのため，化学変化の前後で原子の組み合わせが変わっても，原子の種類と数は変わらない。

テストでは 水ができる化学変化と水を電気分解する化学変化の化学反応式がよく出る。
重要な化学反応式が正確に書けるようにしておこう。

☑ 3 | 矢印の左右での原子の数の合わせ方

例　銅と酸素が結びついて酸化銅ができる化学変化

| 銅 | + | 酸素 | ⟶ | 酸化銅 |

$$Cu + O_2 \longrightarrow CuO$$

①左右でOの数を等しくする。 ▸ 右にCuOを1個ふやす。

$$Cu + O_2 \longrightarrow CuO \quad CuO$$

②左右でCuの数を等しくする。 ▸ 左にCuを1個ふやす。

$$Cu \quad Cu + O_2 \longrightarrow CuO \quad CuO$$

③2つのCuは2Cu，2つのCuOは2CuOと表せる。

化学反応式　$2Cu + O_2 \longrightarrow 2CuO$

✎ テストの例題チェック

① 化学式を用いて化学変化を表した式を何という？　[化学反応式]

② 2H₂O のはじめの大きい数字 2 は何を表す？　[水分子（H₂O）の数]

③ 2H₂O では，水素原子の数は何個ある？　[4個]

④ 化学反応式の矢印の左側に書くのは，反応前の物質？　反応後の物質？
　[反応前の物質]

⑤ Cu＋O₂ → 2CuO の化学反応式を正しく直すと？　[2Cu＋O₂ → 2CuO]

⑥ 化学反応式の矢印の左右で等しくするのは原子の種類と何？　[原子の数]

8 酸化と還元，化学変化と熱

☑ 1│酸化と燃焼

(1) 酸化…物質が酸素と結びつく化学変化。

①酸化によってできた物質を酸化物という。

②銅の酸化…銅＋酸素 → 酸化銅 （$2Cu + O_2 → 2CuO$）

(2) 燃焼…激しく熱や光を出す酸化。

①マグネシウムの燃焼…マグネシウム＋酸素→酸化マグネシウム

$$（2Mg + O_2 → 2MgO）$$

②水素の燃焼…水素＋酸素 → 水 （$2H_2 + O_2 → 2H_2O$）

③有機物の燃焼…有機物＋酸素 → 二酸化炭素＋水

(3) さび…空気中で進むおだやかな酸化。

☑ 2│還元

(1) 還元…酸化物から酸素をと
り除く化学変化。

▶還元の反応は，酸化と同時
に起こる。

(2) 炭素による酸化銅の還元
　　┗黒色
…銅と二酸化炭素ができる。

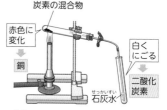

▲炭素による酸化銅の還元

$$2CuO + C → 2Cu + CO_2$$ （酸化銅＋炭素 → 銅＋二酸化炭素）

(3) 水素による酸化銅の還元…銅と水ができる。

$$CuO + H_2 → Cu + H_2O$$ （酸化銅＋水素 → 銅＋水）

3 | 化学変化と熱

(1) **発熱反応** … 熱が発生し，温度が上がる化学変化。

　① **有機物の燃焼** … プロパンなど，燃料として使われる。

　② **化学かいろ** … 鉄粉，活性炭，食

　　塩水などがふくまれ，開封する

　　と，鉄が空気中の酸素と結びついて発熱する。

$$鉄 + 酸素 \underset{熱}{\rightleftharpoons} 酸化鉄$$

　③ **酸化カルシウムと水の反応** … 酸化カルシウムに水を加えると

　　温度が上がる。弁当などに利用される。

$$酸化カルシウム + 水 \underset{熱}{\longrightarrow} 水酸化カルシウム$$

(2) **吸熱反応** … 化学変化のときに熱を必要とし，**周囲から熱を吸収するため温度が下がる**化学変化。

　▶ 塩化アンモニウムと水酸化バリウムを混ぜて反応させると，**アンモニアが発生して温度が下がる**。

$$塩化アンモニウム + 水酸化バリウム \underset{熱}{\longrightarrow} アンモニア + 塩化バリウム + 水$$

📝 テストの例題チェック

① 物質が酸素と結びつく化学変化を何という？　　　　　　　　　　[酸化]

② 激しく熱や光を出す酸化を何という？　　　　　　　　　　　　　[燃焼]

③ 酸化物から酸素をとり除く化学変化を何という？　　　　　　　　[還元]

④ 化学かいろの熱は，何と何が結びついて発生する？　　　　　[鉄と酸素]

⑤ 反応後の物質の温度が下がったときの化学変化は，発熱反応と吸熱反応のどちら？　　　　　　　　　　　　　　　　　　　　　　　　[吸熱反応]

9 質量保存の法則

1 気体が発生する化学変化と質量

● 炭酸水素ナトリウムとうすい塩酸の反応 … 二酸化炭素が発生する。

①密閉容器内での反応 … 反応の前後で質量の総和は変わらない。

②発生した気体を逃がす … 反応後の質量が小さくなる。

うすい塩酸

炭酸水素ナトリウム

混ぜ合わせる。

質量は変わらない。

ふたを開ける。

質量は小さくなる。

△ 密閉容器内での反応と質量の変化

2 沈殿のできる化学変化と質量

(1) 沈殿 … 水溶液中にできた水にとけにくい物質。

(2) うすい硫酸に水酸化バリウム水溶液を加えたときの反応 … 白い沈殿（硫酸バリウム）ができるが，反応の前後で質量は変化しない。

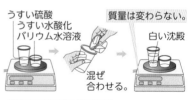

うすい硫酸
うすい水酸化
バリウム水溶液

質量は変わらない。

白い沈殿

混ぜ合わせる。

△ 沈殿のできる反応と質量の変化

参考

硫酸バリウムの沈殿は，うすい硫酸に塩化バリウム水溶液を加えてもできる。この化学変化でも，反応の前後で質量は変化しない。

テストでは 開放された状態と密閉された状態での実験結果をもとに，質量保存の法則について問う問題がよく出る。しっかり理解しておこう。

3 | 質量保存の法則

(1)**質量保存**の**法則** … 化学変化の前後で，物質全体の質量は変わらない。

   変化前の質量の和 ＝ 変化後の質量の和

(2)**質量保存の法則が成り立つわけ** … 化学変化は原子の結びつきが変わる変化。原子の種類と**数**は変わらないので，反応の前後で質量の総和は変わらない。

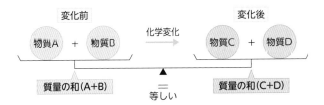

ミス注意

質量保存の法則は，化学変化だけでなく，状態変化などすべての物質の変化で成り立つ。

✏ テストの例題チェック

① 密閉容器内で炭酸水素ナトリウムとうすい塩酸を反応させると，反応の前後で，全体の質量はどうなる？　　　　　　　　　　　　　　[変化しない]

② うすい硫酸に水酸化バリウム水溶液を加えて，白い沈殿ができる化学変化の前後で，質量は変化する？　　　　　　　　　　　　　[変化しない]

③ 化学変化の前後では，物質全体の質量が変わらないという法則を何という？

　　　　　　　　　　　　　　　　　　　　　　　[質量保存の法則]

10 化学変化と物質の質量の割合

1│金属の酸化と質量

(1) **金属の酸化**…金属を加熱すると，空気中の**酸素**が結びつく。

　①**銅の酸化**…銅 ＋ 酸素 → 酸化銅

　②**マグネシウムの酸化**…マグネシウム＋酸素 → 酸化マグネシウム

(2) **金属の酸化と質量**

　①**酸化物の質量**…結びついた酸素の質量分だけ**増加**する。

　②**質量の変化**…金属が完全に酸化すると，質量はそれ以上増加**しない**。

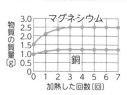

加熱の回数と質量の変化

(3) **金属と結びつく酸素の質量**

　①**酸素の質量＝酸化物の質量−金属の質量**

　②金属と酸化物の質量の関係，金属と，結びついた酸素の質量の関係をそれぞれグラフに表すと，**原点を通る直線**となる。

　③各金属と酸素は，それぞれ**一定の質量の割合**で結びつく。

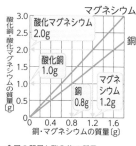

▲金属の質量と酸化物の質量

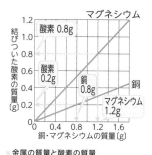

▲金属の質量と酸素の質量

テストでは 銅と酸化銅の質量の関係のグラフから，質量の割合を求める問題がよく出る。グラフから質量を求める練習をしておこう。

☑ 2│化学変化で結びつく物質の質量の割合

(1)結びつく物質の質量の割合 …物質A，Bが結びついて化合物を
つくる場合，AとBは常に**一定**の質量の割合で結びつく。

(2)質量の割合の例

①**銅の酸化**　　銅　＋　酸素　→　酸化銅

質量の割合▶　　4　：　1　：　　5

②**マグネシウムの酸化**　マグネシウム＋酸素→酸化マグネシウム

質量の割合▶　　　　　　3　：2：　　5

くわしく

質量の割合の求め方（左ページのグラフを参照）

①**銅と酸素**…銅 0.8 g と酸素 0.2 g が結びついて 1.0 g の酸化銅ができるので，

銅：酸素：酸化銅＝0.8：0.2：1.0＝4：1：5

②**マグネシウムと酸素**…マグネシウム 1.2 g と酸素 0.8 g が結びついて
2.0 g の酸化マグネシウムができるので，

マグネシウム：酸素：酸化マグネシウム＝1.2：0.8：2.0＝3：2：5

🖋 テ ス ト の 例 題 チ ェ ッ ク

① 空気中で金属を加熱したとき，金属と結びつく物質は？　　　　　［ 酸素 ］

② 2.0 g の銅粉を加熱すると 2.5 g の酸化銅ができた。銅と結びついた酸素の質
量は何 g ？　　　　　　　　　　　　　　　　　　　　　　　　　［ 0.5 g ］

③ 銅粉を加熱すると，酸素 0.2 g が結びついて，酸化銅 1.0 g ができた。銅と
酸素が結びつくときの質量の比を最も簡単な整数比で表すと？

［ 銅：酸素＝4：1 ］

特集 おもな元素記号と化学式, 化学反応式

●おもな元素記号 （*は非金属元素，ほかは金属元素）

元素名	元素記号	元素名	元素記号
亜鉛	Zn	マグネシウム	Mg
アルミニウム	Al	硫黄*	S
カルシウム	Ca	塩素*	Cl
銀	Ag	酸素*	O
鉄	Fe	水素*	H
銅	Cu	炭素*	C
ナトリウム	Na	窒素*	N

●おもな物質の化学式 （*は単体，ほかは化合物）

物質名	化学式	物質名	化学式
水素*	H_2	水酸化ナトリウム	$NaOH$
酸素*	O_2	水酸化カルシウム	$Ca(OH)_2$
窒素*	N_2	水酸化バリウム	$Ba(OH)_2$
塩素*	Cl_2	塩化ナトリウム(食塩)	$NaCl$
アンモニア	NH_3	塩化銅	$CuCl_2$
二酸化炭素	CO_2	炭酸カルシウム	$CaCO_3$
水	H_2O	炭酸ナトリウム	Na_2CO_3
酸化銅	CuO	炭酸水素ナトリウム	$NaHCO_3$
酸化銀	Ag_2O	硫酸バリウム	$BaSO_4$
酸化マグネシウム	MgO	硫化鉄	FeS
塩化水素(塩酸)	HCl	硫化銅	CuS
硫酸	H_2SO_4	硫化水素	H_2S
炭酸	H_2CO_3	エタノール	C_2H_5OH

テストでは 化学変化で生じる物質の化学式を書かせる問題がよく出る。化合物の化学式はまちがえやすいので注意。化学反応式の係数のつけ方を確実におさえよう。

●おもな化学反応式

化学変化	化学反応式
水素の燃焼	$2H_2 + O_2 \rightarrow 2H_2O$
▶燃焼は激しく光や熱を出す酸化。	
炭素(木炭)の燃焼	$C + O_2 \rightarrow CO_2$
マグネシウムの燃焼	$2Mg + O_2 \rightarrow 2MgO$
銅の酸化	$2Cu + O_2 \rightarrow 2CuO$
水の分解	$2H_2O \rightarrow 2H_2 + O_2$
▶電気分解。陰極に水素,陽極に酸素が発生する。	
酸化銀の分解	$2Ag_2O \rightarrow 4Ag + O_2$
▶熱分解	
塩化銅の分解	$CuCl_2 \rightarrow Cu + Cl_2$
▶電気分解。陰極に銅が付着,陽極に塩素が発生する。	
炭酸水素ナトリウムの分解	$2NaHCO_3 \rightarrow Na_2CO_3 + CO_2 + H_2O$
▶熱分解	
炭素による酸化銅の還元	$2CuO + C \rightarrow 2Cu + CO_2$
▶酸化銅が還元されるとき,炭素は酸化されて,二酸化炭素が発生する。	
水素による酸化銅の還元	$CuO + H_2 \rightarrow Cu + H_2O$
▶酸化銅が還元されるとき,水素は酸化されて,水が発生する。	
鉄と硫黄の結びつき	$Fe + S \rightarrow FeS$
銅と硫黄の結びつき	$Cu + S \rightarrow CuS$

テスト直前 最終チェック！ ▶▶▶

■ 1 | 物質の成り立ち

● **分解**…1種類の物質が2種類以上の物質に分かれる**化学変化**。

● **炭酸水素ナトリウムの熱分解**
　…炭酸ナトリウム，水，二酸化炭素に分解する。

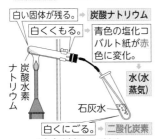

炭酸水素ナトリウム

- 白い固体が残る。→ 炭酸ナトリウム
- 白くくもる。 → 青色の塩化コバルト紙が赤色に変化。
- 水（水蒸気）
- 石灰水
- 白くにごる。 → 二酸化炭素

● **水の電気分解**…陰極に**水素**，陽極に**酸素**が発生。体積の比は，水素：酸素＝2：1。

● **原子**…物質をつくる最小の粒子。化学変化で**分割できず**，種類は変わらない。

● **元素**…原子の種類。

● **分子**…いくつかの原子が結びついた，**物質の性質を示す最小の粒子**。

● **単体**…1種類の元素からできている物質。

● **化合物**…2種類以上の元素からできている物質。

● **化学式**…元素記号と数字を使って，物質の成り立ちを表した式。

● **物質の分類**

	単体		化合物	
分子をつくる物質	水素 H_2 	酸素 O_2	水 H_2O	二酸化炭素 CO_2
分子をつくらない物質	銅 Cu	銀 Ag	酸化銅 CuO	塩化ナトリウム NaCl

1章　化学変化と原子・分子

■ 2│いろいろな化学変化

● **鉄と硫黄の結びつき**…硫化鉄は鉄とは性質のちがう物質。

	鉄	硫化鉄
色	銀白色	黒色
磁石	つく。	つかない。
塩酸との反応	水素が発生。	硫化水素(腐卵臭)が発生。

● **化学反応式**…矢印の左右で，原子の種類と数を合わせる。

$$H_2 + O_2 \rightarrow H_2O$$
$$2H_2 + O_2 \rightarrow 2H_2O$$

● **質量保存の法則**…化学変化の前後で**物質全体の質量は変化しない**。

変化前の質量	＝	変化後の質量

● **金属と結びつく酸素の質量** →
…各金属と酸素は，それぞれ一定の質量の割合で結びつく。

銅：酸素＝4：1

マグネシウム：酸素＝3：2

● **酸化**…物質が**酸素**と結びつく化学変化。酸化によってできた物質を**酸化物**という。

● **燃焼**…激しく熱や光を出す酸化。マグネシウムは燃焼すると，白色の**酸化マグネシウム**（酸化物）に変わる。

$$2Mg + O_2 \rightarrow 2MgO$$

● **還元**…酸化物から**酸素**をとり除く化学変化。**酸化**が同時に起こる。

```
        ┌─── 還元 ───┐
2CuO + C → 2Cu + CO₂
    └──── 酸化 ────┘
```

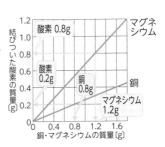

マグネシウム

酸素 0.8g

酸素 0.2g

銅 0.8g

銅

マグネシウム 1.2g

結びついた酸素の質量〔g〕

銅・マグネシウムの質量〔g〕

生物と細胞

1 細胞のつくり

(1)**細胞**…生物のからだをつくる最小の単位。

　①**核**…ふつう細胞に1個ある。**酢酸カーミン液（酢酸オルセ**
　イン液）で**赤色**に染まる。

　②**細胞質**…核のまわりを満たしている部分。
　　└─ 核を除く、細胞膜とその内側の部分

　③**細胞膜**…細胞を包むうすい膜。（**細胞膜も細胞質の一部**）

　　▶**核**と**細胞膜**は，植物と動物の細胞に共通して見られる。

(2)**植物の細胞に見られるもの**…**細胞壁，液胞，葉緑体。**

　①**細胞壁**…細胞膜の外側に
　　あるじょうぶなつくり。か
　　らだを支えるのに役立つ。

　②**液胞**…細胞活動で生じた物質
　　がとけた液で満たされた袋。
　　└─ 成長した細胞ほど大きい。

　③**葉緑体**…光合成が行われる
　　緑色の粒。

　　▶葉緑体は，葉や茎などの
　　　緑色をした部分の細胞にあり，根などの細胞にはない。

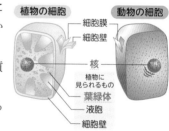

植物の細胞

- 細胞膜
- 細胞壁

核

植物に
見られるもの
- 葉緑体
- 液胞
- 細胞壁

動物の細胞

▲ 植物の細胞と動物の細胞

2 細胞と生物

(1)**単細胞生物**…からだが1個の細胞からできている生物。

　例　ゾウリムシ，アメーバ，ミカヅキモ

(2)**多細胞生物**…からだが**多くの細胞**からできている，身のまわ
　りに見られるほとんどの植物や動物。

3 │ 多細胞生物のからだ

(1) **組織**…形やはたらきが同じ細胞が集まったもの。

例 植物…葉の表皮組織，葉肉組織など。

動物…小腸の上皮組織，筋組織など。

(2) **器官**…いくつかの組織が集まり，特定のはたらきをする部分。

例 植物…根，茎，葉，花など。

動物…胃，小腸，心臓など。

▲多細胞生物の組織と器官

(3) **多細胞生物のからだ**…細胞が集まって組織をつくり，いくつかの組織が集まって器官ができている。いろいろな器官が集まって1つのからだ（**個体**）ができている。

✎ テストの例題チェック

① 細胞で，酢酸カーミン液などの染色液によく染まるつくりを何という？

[核]

② 細胞壁があるのは，植物と動物のどちらの細胞？ [植物]

③ 植物の細胞にある緑色の粒を何という？ [葉緑体]

④ からだが1つの細胞からできている生物を何という？ [単細胞生物]

⑤ 生物のからだで，形やはたらきが同じ細胞が集まっている部分を何という？

[組織]

⑥ いろいろな組織が集まって特定のはたらきをする部分を何という？ [器官]

12 根や茎のつくり

1 | 根のようす

(1) **根の種類** … 主根と側根からなる根と,
ひげ根の 2 種類がある。

(2) **主根と側根をもつ植物** … ホウセンカ,
ヒマワリなどの**双子葉類**(子葉が 2 枚)。

(3) **ひげ根をもつ植物** … トウモロコシ, ツ
ユクサなどの**単子葉類**(子葉が 1 枚)。

双子葉類　単子葉類

主根

側根　ひげ根

▲ 根の種類

2 | 根のつくりとはたらき

(1) **根のつくり**

① **根毛** … 根の**先端近く**に無数に生えている細い毛のようなもの。

▶土の粒の間に入りこ
み,根と土がふれる
面積が大きくなって,
水や養分(肥料分)
を効率よく吸収する。

師管　　　道管

根毛

水・養分

道管の束

師管の束

▲根のつくり

② **道管** … 根から吸収した
水や養分が通る管。

③ **師管** … 葉でつくられた栄養分が通る管。

(2) **根のはたらき**

①植物のからだを**支える**。

②水や水にとけた養分(肥料分)を**吸収**する。

テストでは 根毛，道管，師管のそれぞれのはたらきがよく問われる。茎の維管束の並び方や道管の位置も必出ポイント。

☐ 3 | 茎のつくり 🔥出

(1) **茎の断面** … 道管と師管が集まって束をつくっている**維管束**がある。

▶ 茎の維管束では，茎の**中心側**に道管の束，**外側**に師管の束がある。
　　　　—— 表皮側

(2) **維管束の並び方** … 植物によって決まっている。

① **双子葉類** … **輪のように並ん**でいる。

② **単子葉類** … 茎全体に**散在**している。

(3) 維管束は，**根から茎，葉へ**とつながっている。

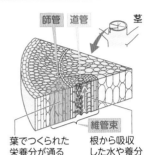

葉でつくられた栄養分が通る　　根から吸収した水や養分

▲ 茎のつくり（ホウセンカ）

双子葉類

師管
道管

単子葉類

師管
道管

▲ 維管束の並び方

📝 テストの例題チェック

① ひげ根をもつ植物は双子葉類と単子葉類のどちら？　　　　　　[単子葉類]

② 根の先端近くにある，細い毛のようなものは何？　　　　　　　[根毛]

③ 根から吸収された水が通る管を何という？　　　　　　　　　　[道管]

④ 道管と師管が集まって束になった部分を何という？　　　　　　[維管束]

⑤ 茎の維管束では，師管は茎の中心側と外側のどちらにある？　　[外側]

⑥ 茎の維管束が輪状に並んでいる植物のなかまは単子葉類と双子葉類のどちら？

[双子葉類]

13 葉のつくり

1 | 葉のつくり

(1)**葉の内部**…たくさんの**細胞**からできている。細胞には**葉緑体**がある。

(2)**表皮**…1層の細胞で，**葉緑体はない**。ところどころに**気孔**がある。

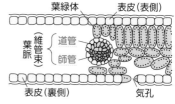
▲葉の断面

(3)**葉脈**…葉の**維管束**。根，茎からの維管束が葉に通っている。葉の表側に**道管**の束，裏側に**師管**の束がある。

(4)**気孔**…表皮にある，**孔辺細胞**（1対の三日月形をした細胞）に囲まれた穴。ふつう**葉の裏側に多い**。

2 | 気孔のはたらき

(1)**気孔のはたらき**…**水蒸気**が放出される。光合成や呼吸のはたらきによる**酸素**や**二酸化炭素**が出入りする。

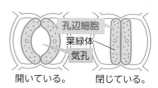
開いている。　閉じている。
▲気孔の開閉

(2)**気孔の開閉**…気孔は1対の**孔辺細胞**のはたらきで開閉し，体外に放出する水蒸気の量が調節される。

ミス注意

ふつう表皮の細胞には葉緑体はないが，孔辺細胞には葉緑体がある。

☑ **3｜蒸散**

(1)**吸水**…植物が根から水を吸い上げること。

(2)**蒸散**…植物のからだから，**水が水蒸気**となって空気中に放出

される**こと**。

　①蒸散はおもに葉の表皮にある**気孔**で行われる。

　②蒸散の量は，葉の表側より**裏側**の方が多い。

　　▶ふつう，気孔は葉の表側より**裏**

　　側に多くあるため。

　③気孔は**昼**に開き，**夜**は閉じる。気

　　孔が開いて，蒸散がさかんに行わ

　　れると，**根からの吸水が起こる**。

(3)**蒸散の効果**…道管内の水の上昇，

根からの**水・養分の吸収**に役立つ。

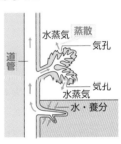

▲吸水と蒸散

🖊 暗記術

蒸散とは

→お嬢さんは　スイスイ　上きげん
　蒸散　　　　水　　　　水蒸気として放出

📝 テ ス ト の 例 題 チ ェ ッ ク

① 葉の内部の細胞にはあるが，表皮の細胞にはないものは何？　　　［ 葉緑体 ］

② 1対の孔辺細胞に囲まれた穴を何という？　　　　　　　　　　　［ 気孔 ］

③ 葉の維管束で，葉の表側にあるのは道管と師管のどちら？　　　　［ 道管 ］

④ 気孔から，水蒸気が空気中に放出されることを何という？　　　　［ 蒸散 ］

⑤ ふつう蒸散がさかんなのは，葉の表側と裏側のどちら？　　　　　［ 裏側 ］

14 光合成

1 | 光合成

(1) **光合成**… 植物が光（日光）を受けて，デンプンなどの栄養分をつくるはたらき。酸素もつくられる。

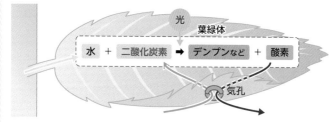

(2) **光合成と光**… 葉の一部をアルミニウムはくでおおい，光を当てたあと**ヨウ素液**で調べると，**アルミニウムはくでおおっ**た部分にはデンプンはできていない。

▶光合成には**光**が必要である。

アルミニウムはく

青紫色にならない。

2 | 葉緑体と光合成の関係

● **光合成が行われる場所**… 細胞の中の**葉緑体**で行われる。

▶下図の実験で，Aの葉の葉緑体は**青紫色**に変わり，光合成が行われた。Bの葉の葉緑体では，光合成は行われていない。

> **テストでは** 光合成に必要なものは何かを，実験の方法やその結果をもとに問われることが多い。

3 | 光合成と二酸化炭素

● **光合成で使われる物質** … 右図のように，息をふきこんだ試験管A，Bに光を当てる。

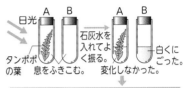

日光

石灰水を入れてよく振る。

タンポポの葉　息をふきこむ。

変化しなかった。

白くにごった。

光合成が行われ，二酸化炭素 が使われた。

①Aは，タンポポの葉で光合成が行われ，**二酸化炭素**が**吸収**されて減ったため，石灰水は**変化しなかった**。

②Bは，二酸化炭素が残っているので石灰水が**白く**にごった。

くわしく

比較のために，調べたい1つの条件以外の条件を同じにして行う実験を**対照実験**という。例えば生物を入れたものと入れないものを用意し，ほかの条件は同じにして実験を行う。これによって，実験結果のちがいが生物のはたらきによるものであることを確かめることができる。

✍ テストの例題チェック

① 植物が光を受けて，デンプンなどの栄養分をつくるはたらきを何という？

[光合成]

② 葉にデンプンができたことを確かめる試薬は何？　　　　　[ヨウ素液]

③ 光合成が行われるのは，葉の細胞の中のどこ？　　　　　　[葉緑体]

④ 光合成に必要なのは，酸素と二酸化炭素のどちら？　　　[二酸化炭素]

⑤ 比較のために，調べたい1つの条件以外の条件を同じにして行う実験を何という？

[対照実験]

15 植物の呼吸

☑ 1 | 呼吸

(1)**植物の呼吸**…植物も動物と同じように，1日中，酸素をとり入れ，二酸化炭素を出す。

(2)**植物の呼吸を確かめる実験**

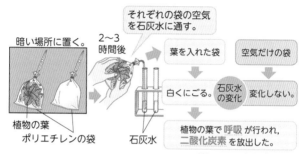

①暗い場所に置いた，植物の葉を入れた袋では，石灰水が**白く**にごった。 ➡ 植物の葉は呼吸を行い，**二酸化炭素を出した。**

②植物がない袋では，石灰水は**変化しない。**

くわしく

空気だけを入れた袋は，植物の葉を入れた袋と同じ条件で実験し，石灰水の反応のちがいが植物のはたらきによることを確かめるための対照実験である。

☑ 2 | 植物と気体の出入り

(1)**光合成と呼吸の気体の出入り**…たがいに逆である。

①**光合成**…二酸化炭素をとり入れ，酸素を出す。

②**呼吸**…酸素をとり入れ，二酸化炭素を出す。

(2)植物を出入りする気体

①光合成がさかんなとき … 昼の日光が強いときは，全体として，**二酸化炭素をとり入れ，** 酸素を出す。

②光合成を行っていないとき … 夜などは，呼吸だけを行うため，**酸素をとり入れ，二酸化炭素を出す。**

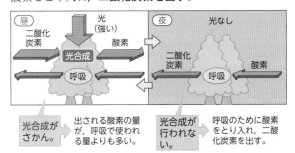

| 光合成がさかん。 | 出される酸素の量が，呼吸で使われる量よりも多い。 | 光合成が行われない。 | 呼吸のために酸素をとり入れ，二酸化炭素を出す。 |

ミス注意

昼に光合成によって生じる酸素の量は，呼吸で使われる酸素の量より多い。

テストの例題チェック

① 酸素をとり入れ，二酸化炭素を出すはたらきを何という？　　　[呼吸]

② 植物は，呼吸を行うとき，何をとり入れる？　　　　　　　　　[酸素]

③ 植物は，1日中呼吸をしている？　していない？　　　　[している]

④ 昼と夜それぞれで，植物全体としては二酸化炭素をとり入れている？　出している？

　　　　　　　　　　　　　　　　　　　　昼 [とり入れている]

　　　　　　　　　　　　　　　　　　　　夜 [出している]

16 消化のしくみ

1 食物中の栄養分と消化

(1)**食物中の栄養分**… おもに，炭水化物（デンプン，ブドウ糖など），**タンパク質**，脂肪などの有機物。

(2)**消化**… 食物にふくまれる**栄養分**を，**吸収されやすい物質に分解する**はたらき。

　例　最終的に**デンプン**は**ブドウ糖**に分解。

デンプンの分子

デンプン　　ブドウ糖

2 消化のしくみ

(1)**消化器官**… 食物を消化し，体内に**吸収**するはたらきをする器官。

(2)**消化管**… 口→**食道**→**胃**→**小腸**→**大腸**→**肛門**と続く 1 本の長い管。

(3)**消化液**… 消化にはたらく液体。**だ液**，**胃液**，**すい液**など。

(4)**消化のしくみ**… 食物は**消化管**を通る間に**消化酵素**で消化される。

消化液を出す器官	消化液
だ液せん	だ液
胃	胃液
肝臓	胆汁(消化酵素をふくまない。胆のうにたくわえられる。)
すい臓	すい液
小腸	小腸の壁に消化酵素がある。

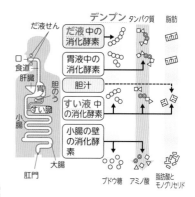

(5)**栄養分の分解**

　①デンプン ➡ **ブドウ糖**

　②タンパク質 ➡ **アミノ酸**

　③脂肪 ➡ **脂肪酸とモノグリセリド**

3 │ 消化酵素のはたらき

(1) **消化酵素** … **消化液**にふくまれ，栄養分を分解する。**決まった物質にしかはたらかない。**

(2) **ベネジクト液** … **ブドウ糖**や**麦芽糖**（ばくがとう）をふくむ溶液（ようえき）に加えて加熱すると，**赤褐色の沈殿**（せきかっしょく ちんでん）ができる。

(3) 右図で，デンプンが分解されたのは，[A Ⓑ] である。

▶ デンプンは，だ液によって**麦芽糖**などに分解される。

| | デンプン のり ＋水 | A | B | デンプン のり ＋だ液 |

37℃の湯に10分間入れておく。　湯

ヨウ素液を加える。ベネジクト液を加えて加熱する。

	A	B
ヨウ素液の反応	○	×
ベネジクト液の反応	×	○

▲ だ液のはたらきを調べる実験

❤️ くわしく

消化酵素はそれぞれ決まった物質を分解する。だ液中の消化酵素アミラーゼはデンプン，胃液中のペプシンやすい液中のトリプシンはタンパク質，すい液中のリパーゼは脂肪にそれぞれはたらく。

❤️ くわしく

だ液はヒトの体内ではたらくので，上の実験では湯の温度をヒトの体温に近い温度にする。

📝 テストの例題チェック

① 消化液にふくまれ，栄養分を分解するはたらきをもつ物質は？　[消化酵素]

② 胆汁をつくる器官は？　[肝臓]

③ デンプンが消化されると，最終的に何になる？　[ブドウ糖]

④ タンパク質が消化されると，最終的に何になる？　[アミノ酸]

⑤ ベネジクト液で確認できる物質は，デンプンと麦芽糖のどちら？　[麦芽糖]

17 栄養分の吸収

1 | 小腸のつくり

(1)**小腸の内側** … 多数の**ひだ**があり，ひだの**表面**には無数の**柔毛**がある。

(2)**柔毛** … ひだの表面をおおう小さな突起。内部には，**毛細血管**とリンパ管が分布している。
　—長さは約 1 mm。

(3)**柔毛のはたらき** … 消化されて，**小さい分子**に分解された**栄養分**を内部に吸収する。

(4)**柔毛が無数にあることの利点**

　… 小腸内部の**表面積**が非常に大きくなる。

　▶消化された栄養分を効率よく吸収できる。

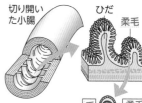

切り開いた小腸　ひだ　柔毛

▲小腸のつくり

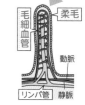

柔毛
毛細血管
動脈
リンパ管　静脈

▲柔毛の断面

2 | 栄養分の吸収

(1)**ブドウ糖とアミノ酸**

　… **毛細血管**に入り，**肝臓**を通って血液によって全身に運ばれる。

(2)**脂肪酸とモノグリセリド**

　… 柔毛内で再び**脂肪**に合成され，**リンパ管**に入る。リンパ管はやがて血管と合流するので，脂肪も血液によって全身に運ばれる。

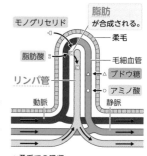

脂肪 が合成される。
モノグリセリド
柔毛
脂肪酸
毛細血管
リンパ管
ブドウ糖
アミノ酸
動脈　静脈

▲柔毛での吸収

2章

(3)吸収された栄養分のゆくえ

①ブドウ糖と脂肪…全身に運ばれ，**細胞**による**呼吸**(→p.49)の**エネルギー源**となる。

▶ブドウ糖の一部は，**肝臓でグリコーゲンという物質に変えられて貯蔵される**。必要に応じて再びブドウ糖に分解されて血液中に出される。

②アミノ酸…細胞をつくる**タンパク質の材料**となる。

▶アミノ酸の一部は，**肝臓でタンパク質に変えられる**。

(4)水分や消化されなかったもの

①水分は，おもに**小腸**で吸収されるが，**大腸**でも吸収される。

②消化されなかった食物の繊維などや吸収されなかったものは，便として肛門から体外に排出される。

✎ テストの例題チェック

① 小腸のひだの表面にある小さな突起を何という？ [柔毛]

② 柔毛の内部には，リンパ管と何が分布している？ [毛細血管]

③ 小腸の内壁にひだや柔毛があることで，小腸の内側の表面積は，小さくなる？
大きくなる？ [大きくなる]

④ 柔毛で吸収されて，毛細血管に入る栄養分は，ブドウ糖と何？ [アミノ酸]

⑤ 脂肪酸とモノグリセリドは，柔毛内で脂肪に合成されたあと，どこに入る？
[リンパ管]

⑥ 水分はおもに何という器官で吸収される？ [小腸]

18 呼吸のはたらき

1 | 呼吸のはたらき

●**肺による呼吸**…**酸素をとり入れ，二酸化炭素を体外へ出す**はたらきをする。

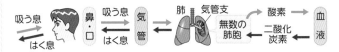

2 | ヒトの肺のつくり

(1)**気管**…のどから肺へつながる管。

(2)**気管支**…気管が枝状に分かれているところ。➡肺胞につながる。

(3)**肺**…**ろっ骨**と**横隔膜**に囲まれた胸腔の中にある。

(4)**肺胞**…肺をつくっている**無数の小さな袋**。

①肺胞で血液中に**酸素**をとり入れ，血液中の二酸化炭素を肺胞内へ放出。

②表面には**毛細血管**が分布している。

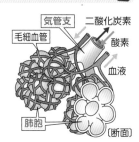

▲ヒトの肺のつくり

暗記術

肺胞のはたらき

→**肺のほうぼうで気体を交換**

（肺胞により肺の表面積が広くなり，酸素と二酸化炭素が効率よく交換できる。）

テストでは 肺胞のつくりとはたらきは必出。細胞内で呼吸が行われ，エネルギーがとり出されるしくみもよく出る。

3 | 肺への空気の出入り

● 筋肉のついたろっ骨と横隔膜を動かし，肺への空気の出し入れをする。

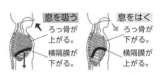

4 | 細胞による呼吸

● 細胞による呼吸 … からだをつくる1つ1つの細胞で行われる，酸素を使って栄養分を分解し，エネルギーをとり出す活動。このとき，二酸化炭素と水ができる。

「細胞呼吸」ともいう。

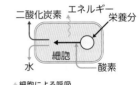

▲細胞による呼吸

$$栄養分 \ + \ 酸素 \ \longrightarrow \ 二酸化炭素 \ + \ 水$$
$$\searrow \underline{エネルギー}$$

📝 テストの例題チェック

① ヒトの鼻や口から吸いこまれた空気は，何という管を通って肺に入る？ [気管]

② 気管支の先にある無数の小さな袋は何？ [肺胞]

③ 肺への空気の出し入れは，ろっ骨と何を動かして行われる？ [横隔膜]

④ 細胞では （A）を使って栄養分を分解し，（B）をとり出す。A，Bはそれぞれ何？ A [酸素] B [エネルギー]

19 血液のはたらき

1 | 血液の成分とはたらき

(1)**血液の成分**…固形成分(**血球**)と
透明な液体成分からできている。

(2)**固形成分**…**赤血球**，白血球，
血小板。

(3)**液体成分**…血しょう。

(4)**血液成分の特徴とはたらき**

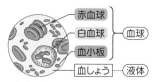

▲血液の成分

①**赤血球**…中央がくぼんだ
円盤状。**ヘモグロビン**と
いう**赤色の物質**をふくむ。

▶ヘモグロビンは**酸素**と
結びつく性質がある。

▲ヘモグロビンのはたらき

赤血球はこの性質によって酸素を運ぶ。

②**白血球**…いろいろな形のものがあり，動き回る。

▶体内に入ってきた**細菌**などをとらえて分解する。

③**血小板**…不規則な形。赤血球や白血球より小さい。

▶出血したとき，**血液を固める**。

④**血しょう**…**栄養分や不要物**などをとかしこみ，各組織へ運ぶ。

くわしく

ヘモグロビンのはたらき…赤血球が酸素を運ぶことができるのは，ヘモグ
ロビンが酸素の多いところでは酸素と結びつき，酸素の少ないところでは結
びついた酸素の一部をはなす性質をもっているからである。(上の図参照)

テストでは 血液と組織液の関係やはたらきがよく問われる。なかでも，赤血球や白血球のはたらきがよく出るので，しっかりつかもう。

2 | 組織液とリンパ管

(1)**組織液** … 血しょうの一部が毛細血管からしみ出し，細胞のまわりを満たしているもの。

(2)**組織液のはたらき** … 細胞と血液の物質交換のなかだちをする。

　①**酸素や栄養分**

　　… 組織液から細胞に入る。

　②**二酸化炭素や不要物**

　　… 細胞から組織液中に出る。

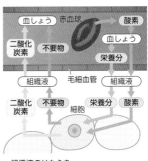

▲組織液のはたらき

(3)**リンパ液** … 組織液の一部がリンパ管内に入ったもの。

(4)**リンパ管** … しだいに集まって太い管になり，首の下で**静脈**と合流する。

✍ テストの例題チェック

① 酸素を運ぶはたらきをする血液の成分は何？　　　　　　　　[赤血球]

② 赤血球にふくまれ，酸素と結びつく赤い物質は何？　　　[ヘモグロビン]

③ 体内に入った細菌を分解する血液の成分は何？　　　　　　　[白血球]

④ 出血したとき，血液を固めるはたらきをする血液の成分は何？　　[血小板]

⑤ 血しょうの一部がしみ出し，細胞と細胞の間を満たしている液を何という？

　　　　　　　　　　　　　　　　　　　　　　　　　　　　[組織液]

⑥ 組織液の一部がリンパ管に入ったものを何という？　　　　　[リンパ液]

20 血液の循環

☐ 1 | 心臓のつくりとはたらき

(1) **心臓のつくり** … 全体が厚い**筋肉**でできていて，**4つの部屋**（上側に左右の**心房**と下側に左右の**心室**）に分かれている。

(2) **心臓のはたらき** … 規則正しく収縮する運動（**拍動**）により，**血液を全身に送り出している。**

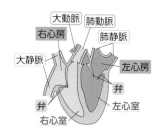
▲ヒトの心臓のつくり

☐ 2 | 血管

(1) **動脈** … **心臓から送り出される血液**が流れる血管。

(2) **静脈** … **心臓へもどる血液**が流れる血管。逆流を防ぐための**弁**がある。

(3) **毛細血管** … 動脈と静脈をつなぐ**細い血管**で，全身に張りめぐらされている。

　▶うすい一層の**細胞**からなる。➡ **壁**を通して，血しょうなどが自由に出入りできる。

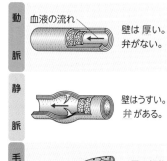
▲血管の特徴

テストでは 血液の循環の経路を問う問題が多い。動脈血と静脈血のちがいや肺動脈と
肺静脈を流れる血液については，しっかりおさえておこう。

3 | ヒトの血液の循環

(1)**肺循環**… 心臓を出てから肺を通っ
て心臓にもどる道すじ。

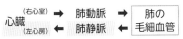

心臓 $\overset{\text{(右心室)}}{\underset{\text{(左心房)}}{\rightleftarrows}}$ 肺動脈 → 肺の毛細血管 ← 肺静脈

▶ 肺で二酸化炭素を放出し，酸素を
とり入れる。

(2)**体循環**… 心臓から出てからだの各
部分を通り，心臓にもどる道すじ。

心臓 $\overset{\text{(左心室)}}{\underset{\text{(右心房)}}{\rightleftarrows}}$ 大動脈 → 全身の毛細血管 ← 大静脈

▶ **全身の細胞に酸素や栄養分を与え，**
二酸化炭素や不要物を受けとる。

(3)**動脈血**… 酸素を多くふくむあざやかな赤色の血液。

(4)**静脈血**… 二酸化炭素を多くふくむ黒ずんだ赤色の血液。

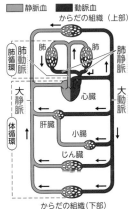

■ 静脈血　■ 動脈血

▲ヒトの血液の循環経路

📝 テ ス ト の 例 題 チ ェ ッ ク

① 心臓から出た血液が流れる血管を何という？　　　　　　　　[動脈]

② 弁があるのは，動脈と静脈のどちら？　　　　　　　　　　　[静脈]

③ 動脈と静脈をつなぐ細い血管を何という？　　　　　　　[毛細血管]

④ ヒトの血液の循環には，体循環と何循環がある？　　　　　[肺循環]

⑤ 体循環で全身の細胞が受けとる物質は酸素と二酸化炭素のどちら？　[酸素]

21 排出のしくみ

1 不要物の排出

(1)**不要物** … **二酸化炭素**や**アンモニア**など。

　▶**アンモニア** … 体内でアミノ酸が分解されて生成。

(2)**不要物の排出**

　①**二酸化炭素** … **肺**による呼吸によって排出。

　②**アンモニア** … **肝臓**で**尿素**に変えられ，じん臓に運ばれて尿として排出。

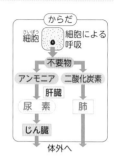

▲排出のしくみ

2 じん臓のはたらき

(1)**排出に関係する器官** … **じん臓**，**輸尿管**，**ぼうこう**など。

(2)**じん臓のはたらき**

　①血液中から**不要物をとり除き，尿をつくる。**

　　▶**不要物** … 血液中の**尿素**，余分な水，塩分など。

　②血液中の無機物などの濃度を一定に保つ。

(3)**尿** … **輸尿管**を通り，一時ぼうこうにためられる。➡ その後，体外へ排出される。

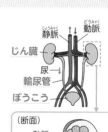

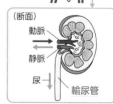

▲じん臓のつくり

3 | 肝臓のはたらき

●**肝臓のはたらき** … さまざまな

はたらきがある。

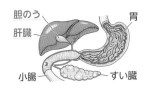

▲肝臓と消化器官のつながり

① **貯蔵** … ブドウ糖をグリコー

ゲンとしてたくわえる。

② **解毒** … アンモニアを害の

少ない尿素に変える。

③ **胆汁をつくる** … 胆汁は胆のうにたくわえられる。

④ **合成** … 脂肪やタンパク質を合成する。

参考

汗せん … 皮膚に通じる長い管。根もとは糸玉状。血液
中の不要物を水とともにこしとり，汗として皮膚から
出す。汗の成分は尿と同じだが，尿よりもずっとうす
い。

▲汗せんのつくり

✏ テストの例題チェック

① 体内でアミノ酸が分解されてできる有害な物質は？　　　　　[アンモニア]

② 有害なアンモニアを害の少ない尿素に変える器官は？　　　　[肝臓]

③ 血液から，尿素などの不要物をこしとる器官は？　　　　　　[じん臓]

④ じん臓では，尿素などの不要物から何をつくる？　　　　　　[尿]

⑤ 肝臓でつくられた胆汁は，どこにたくわえられる？　　　　　[胆のう]

⑥ 肝臓では，ブドウ糖を何に変えてたくわえる？　　　　　　　[グリコーゲン]

22 感覚器官

1 感覚器官

(1)**感覚器官**…外界からの刺激を受けとる器官。

▶**目**，**耳**，**鼻**，**皮膚**，**舌**など。

(2)**刺激**…光，音，におい，味，痛さ，
圧力，あたたかさ，冷たさなど。
└─p.94

(3)**刺激を感じるしくみ**…神経を通って脳に

伝わり，刺激として感じる。

▲ 刺激を感じるしくみ

2 目のつくりとはたらき

(1)**虹彩**…ひとみの大きさを変え，

レンズに入る光の量を調節する。

(2)**レンズ（水晶体）**…筋肉によっ

てレンズの厚みを変え，**網膜上**

に像を結ぶ。

(3)**網膜**…光の刺激を受けとる**細胞**

がある。
└感覚細胞という─┘

(4)**光の刺激の伝わり方**…光 ➡ 角

膜 ➡ ひとみ ➡ **レンズ** ➡ 網膜 ➡ **視神経** ➡ 脳
　　　　　　　　（水晶体）

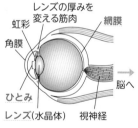

▲ヒトの目のつくり

 暗記術

網膜のはたらき

→もうまっ暗。光の信号を送り出せ。

（網膜で光の刺激を信号に変えて，視神経を通して脳に送る。）

3 | 耳のつくりとはたらき 出る

(1)**鼓膜**(こまく)… 音（空気の振動(しんどう)）をとらえて**振動**する。

(2)**耳小骨**(じしょうこつ)… 鼓膜の振動を**うずまき管**に伝える。

(3)**うずまき管** … 音を刺激として受けとる**細胞**がある。

(4)**音の刺激の伝わり方** … 音 ➡ 鼓膜 ➡ 耳小骨 ➡ **うずまき管** ➡ 聴神経(ちょうしんけい) ➡ 脳

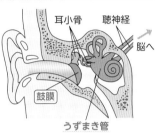

耳小骨　聴神経

脳へ

鼓膜

うずまき管

▲ヒトの耳のつくり

4 | 鼻，皮膚のつくりとはたらき

(1)**鼻** … においの物質を受けとる細胞が鼻の奥(おく)にある。

(2)**皮膚** … ものにふれたことや，**圧力，温度，痛み**などの刺激を受けとる部分がある。

においの刺激を受けとる部分

嗅神経(きゅうしんけい)

脳へ

空気とにおいのもとの物質

▲ヒトの鼻のつくり

📝 テ ス ト の 例 題 チ ェ ッ ク

① 外からの刺激を受けとる器官を何という？　　　　　　　[感覚器官]

② 光や音などの刺激は，神経を通ってどこに伝わる？　　　　　　[脳]

③ 目のつくりで，像が結ばれるのはどこ？　　　　　　　　[網膜]

④ 耳のつくりで，音を刺激として受けとる細胞があるのはどこ？ [うずまき管]

23 刺激の伝わり方

1│神経系のしくみ

(1)**神経系**…脳や**脊髄**（**中枢神経**）と全身の神経（**末しょう神経**）からなる。

(2)**脳**…刺激の**判断**，運動の**命令**，思考などをする。

(3)**脊髄**…脳と末端の器官との連絡。反射の中枢の１つ。

(4)**感覚神経**…感覚器官が受けとった刺激を**中枢神経**に伝える。

(5)**運動神経**…中枢神経からの命令を**筋肉**に伝える。（運動器官）

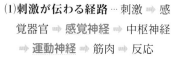

▲ヒトの神経系

2│刺激の伝わり方

(1)**刺激が伝わる経路**…刺激 ➡ 感覚器官 ➡ **感覚神経** ➡ 中枢神経 ➡ **運動神経** ➡ 筋肉 ➡ 反応

(2)**刺激の伝わり方**…刺激は感覚器官で**信号**となって**中枢神経**に伝えられ，**判断・処理**されて出された**命令の信号**が筋肉に達して反応（運動）する。

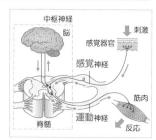

▲刺激の伝わり方

ミス注意

意識して起こす反応（行動）と無意識に起こる反応…本を手で持ち上げるなどの意識して起こす反応の場合，脳の判断によって行われる。**無意識の反応は，脳が判断する前に起こる。**

テストでは 感覚神経と運動神経のはたらきや刺激の伝わる経路について，よく問われる。反射と意識して起こす反応のちがいもおさえておこう。

☐ 3│反射

(1)**反射** … 外からの刺激に対して，

無意識に起こる反応。

(2)**反射のしくみ** … 命令は脊髄などから出される。

(3)**反射の特徴** … 反応に要する時間が**短い**。

▶**からだを危険から守る**のにつごうがよい。

(4)**反射の例**

①熱いものに手がふれると，手をすぐに引っこめる。

②口の中に食べ物を入れると，自然にだ液が出る。

```
熱いものにさわる。          手を引っこめる。
    │                          ↑
  ┌───┐                    ┌───┐
  │刺激│                    │反応│
  └───┘                    └───┘
    │                          ↑
刺激を受けとる。          命令を受けとる。
┌─────┐                ┌───┐
│感覚器官│                │筋肉│
└─────┘                └───┘
    │                          ↑
  伝える。              命令を伝える。
┌──────┐              ┌──────┐
│感覚 神経│              │運動 神経│
└──────┘              └──────┘
    └─────┐      ┌─────┘
        ┌──────┐
        │ 脊髄 │
        └──────┘
```

▲手の反射のしくみ

✎ テ ス ト の 例 題 チ ェ ッ ク

① 脳や脊髄などの神経をまとめて何という？　　　　　　　　　　　[中枢神経]

② 感覚器官が受けとった刺激の信号を，中枢神経に伝える神経を何という？

[感覚神経]

③ 中枢神経の出す命令の信号は，何という神経を経由して筋肉に伝えられる？

[運動神経]

④ 外からの刺激に対して，無意識に起こる反応を何という？　　　　　[反射]

⑤ 熱いものに手がふれたとき，無意識に手をすぐに引っこめる。この反応の命令を出す中枢神経は何？　　　　　　　　　　　　　　　　　　　[脊髄]

24 運動のしくみ

1 | ヒトの骨格とはたらき

(1)**骨格**…からだを支え，脳や**内臓**などを**保護**。

(2)関節…骨と骨がつながっている部分。

(3)**けん**…筋肉が骨につながっている部分。

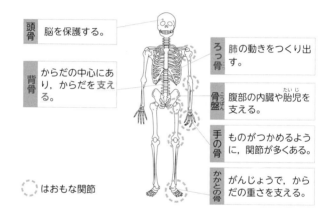

| 頭骨 | 脳を保護する。 |

| ろっ骨 | 肺の動きをつくり出す。 |

| 背骨 | からだの中心にあり，からだを支える。 |

| 骨盤 | 腹部の内臓や胎児を支える。 |

| 手の骨 | ものがつかめるように，関節が多くある。 |

| かかとの骨 | がんじょうで，からだの重さを支える。 |

⸌ ⸍ はおもな関節

(4)**運動のしくみ**…からだにはたくさんの**骨**と**筋肉**がある。

▶骨と筋肉のはたらきによって**動くことができる**。

(5)背骨…からだを中心で支える骨。

参考

内骨格…ヒトなどの**脊椎動物**の骨格のように，**骨格が内側**にあり，外側に筋肉があるつくり。

外骨格…カニやエビ，昆虫などの**節足動物**のように，**外側に骨格**，内側に筋肉があるつくり。

> **テストでは** ヒトが動くときの骨格や筋肉のはたらきがよく問われる。特に、うでの動きにおける筋肉の動きについては、しっかりおさえておこう。

2 | 筋肉のはたらき 出

(1) うでの**骨格と筋肉** … 骨の**両側に一対**の筋肉がついている。

① 図アで、関節は [A ⑧ C]。

② 図アで、けんは [⑧ B C]。

(2) うでの**曲げのばし** … どちらか**一方の筋肉が縮む**。➡ もう一方の筋肉はゆるむ。

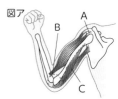

▲ヒトのうでのつくり

✎ **ミス注意**

うでをのばすときは、うでをのばす筋肉が縮む。うでを曲げるときは、うでを曲げる筋肉が縮む。どちらかの筋肉が縮むことに注意。

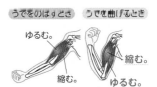

うでをのばすとき　うでを曲げるとき

ゆるむ。　　　　　縮む。

縮む。　　　　　　ゆるむ。

📝 テストの例題チェック

① からだを支えたり、脳や内臓などを保護したりしている骨組みを何という？
　　　　　　　　　　　　　　　　　　　　　　　　　　　　　[骨格]

② 骨と骨がつながっている部分を何という？　　　　　　　　　[関節]

③ ヒトが運動するとき、骨とともに何が必要？　　　　　　　　[筋肉]

④ うでを曲げのばしするとき、一対の筋肉の一方が縮むと、もう一方の筋肉はどうなる？
　　　　　　　　　　　　　　　　　　　　　　　　　　　　　[ゆるむ]

⑤ 上の図アで、Cの筋肉が縮むのは、うでを曲げたとき？　のばしたとき？
　　　　　　　　　　　　　　　　　　　　　　　　　　[のばしたとき]

2章

61

■ 1 | 生物のからだのつくり

● **細胞** … 核，細胞質，細胞膜からなる。植物の細胞には**細胞壁**，葉緑体，**液胞**が見られる。

（核を除く，細胞膜とその内側の部分）

● **単細胞生物** … からだが１個の細胞からできている生物。

● **多細胞生物** … 多くの細胞からできている。**組織**や**器官**がある。

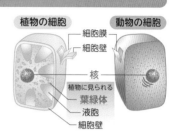

植物の細胞　　　動物の細胞

- 細胞膜
- 細胞壁
- 核
- 植物に見られる
- 葉緑体
- 液胞
- 細胞壁

■ 2 | 植物のからだのつくりとはたらき

● **根毛** … 根の表面積が大きくなり，水や養分を効率よく吸収。

● **維管束** … 道管と師管の束。

● **道管** … 水や養分が通る管。

（根から吸収した）

● **師管** … 葉でつくられた**栄養分**が通る管。

双子葉類

- 師管
- 道管

単子葉類

- 師管
- 道管

● **蒸散** … 植物のからだから水が水蒸気となって出ること。

（気孔で行われる）

● **光合成** … 植物が光を受けてデンプンなどの栄養分をつくるはたらき。**葉緑体**で行われる。

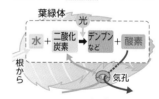

葉緑体

光

水 ＋ 二酸化炭素 → デンプンなど ＋ 酸素

根から

気孔

● **植物の呼吸** … 気孔から酸素をとり入れ，二酸化炭素を出す。１日中行われる。

● **気孔** … 葉の裏側に多くある。

2章　生物のからだのつくりとはたらき

■ 3 | 動物のからだのつくりとはたらき

● **消化液**… だ液，**胃液**，すい液，小腸の壁の消化酵素，胆汁。

● **栄養分の分解**

　デンプン ➡ ブドウ糖

　タンパク質 ➡ アミノ酸

　脂肪 ➡ 脂肪酸とモノグリセリド

● **栄養分の吸収**… 小腸の柔毛で吸収され，**ブドウ糖とアミノ酸**は**毛細血管**に，**脂肪酸とモノグリセリド**は脂肪に合成され，**リンパ管**に入る。

● **肺胞**… 血液中に酸素をとり入れ，二酸化炭素を放出する。

● **肺循環と体循環**

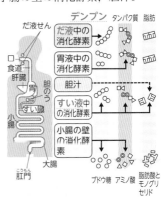

● **血液の成分**

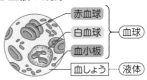

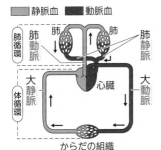

● **アンモニア**… **肝臓**で尿素につくり変えられ，**じん臓**で血液中からこしとられて排出される。

● **反射**… **無意識に起こる反応**。命令は**脊髄**などから出される。

25 電流回路

1 | 回路

(1)電流… 電気の流れ。

(2)回路… 電流が流れる道すじ。

▶電流は回路があると流れ，電気を利
用することができる。

(3)電源… 電流を流すはたらきをするもの。

(4)導線… 電流が流れる金属の線。

(5)電流の流れる向き… 乾電池（電源）
の＋極から出て，－極に入る向き。

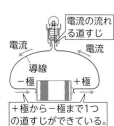

電流の流れる道すじ

＋極から－極まで1つ
の道すじができている。

▲ 豆電球の回路

2 | 電気用図記号と回路図

(1)電気用図記号… 電気器具を表
した記号。

(2)回路図… 電気用図記号を使っ
て回路を図で表したもの。電
気器具は電気用図記号でおき
かえ，導線は直線で表す。

電気器具	電気用図記号	
電源 または電池	┤├ （長い方が＋極）	
スイッチ	─／─	
電球	⊗	
抵抗器 または電熱線	─▭─	
電流計	Ⓐ	
電圧計	Ⓥ	
導線の交わり	┼ 接続 する	┼ 接続 しない

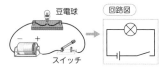

豆電球

回路図

スイッチ

▲ 回路と回路図の例

テストでは 電流の流れる向きや回路図は基礎の基礎。しっかり覚えておこう。直列回路と並列回路についても，ちがいを理解しておこう。

3 | 直列回路と並列回路

(1) 直列回路 … 直列つな
ぎでできている回路。

▶電流の流れる**道すじ**
は1本になっている。

◎ **直列つなぎ** … 2つ以
上の豆電球などを
次々につなぐつなぎ
方。

(2) 並列回路 … 並列つな
ぎでできている回路。

▶電流の流れる**道すじが枝分かれ**している。

◎ **並列つなぎ** … 2つ以上の豆電球などの両端をそれぞれつなぐ
つなぎ方。

電流の流れる
道すじが1本

電流

▲直列回路

枝分かれする。

電流

▲並列回路

✏ テ ス ト の 例 題 チ ェ ッ ク

① 電流が流れる道すじを何という？ [回路]

② 電流は，乾電池の何極から出て何極へ入る向きに流れる？ [＋極から－極]

③ 電気用図記号の ⊗ は，何を表す？ [電球]

④ 回路を電気用図記号で表したものを何という？ [回路図]

⑤ 電流の流れる道すじが1本の回路を何という？ [直列回路]

⑥ 電流の流れる道すじが枝分かれする回路を何という？ [並列回路]

26 回路と電流

☐ 1 電流の大きさ

(1) **電流の大きさ(強さ)** … 流れる電流が**大きい**ほど豆電球は明るい。電流の大きさは豆電球などを通る前後で変わらない。

(2) **電流の単位** … **アンペア**(記号 **A**)，**ミリアンペア** (記号 **mA**)。

$$1\,A = 1000\,mA \quad 1\,mA = 0.001\,A$$

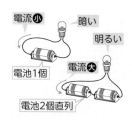

電流小　暗い
明るい
電池1個　電流大
電池2個直列

▲ 回路の電流の大きさ

☐ 2 直列回路を流れる電流

(1) **電流の流れ方** … 直列回路では，**1本**の道すじを流れる。

(2) **直列回路を流れる電流の大きさ** … 回路のどの点でも**等しい**。

▶ 右図の A ～ C の各点の電流の大きさを I_1, I_2, I_3 とすると，

$$I_1 = I_2 = I_3$$

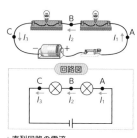

▲ 直列回路の電流

ミス注意

豆電球を通ったあとは，明かりをつけて電気が使われたから，電流は小さくなると考えがちだが，直列回路ではどこも同じ大きさの電流が流れている。電流は豆電球を通りぬけても，小さくなったり，なくなったりしない。

☐ 3│並列回路を流れる電流

(1)**電流の流れ方** … 回路の**途中で分かれ**,
その後, 再び**1つに合流**する。

(2)**並列回路を流れる電流の大きさ**
… 枝分かれしたあとの電流の大きさ
の和は, 枝分かれする前や合流したあ
との電流の大きさに**等しい**。

▶右図のA～Dの各点の電流の大きさ
を I_1～I_4 とすると,

$$I_1 = I_2 + I_3 = I_4$$

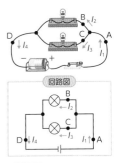

回路図

△並列回路を流れる電流

暗記術

全体の電流と部分の電流の関係
→愛(I)は, 分かれても減ったりしない。
（並列回路では, 電流が途中で分かれても,
その和は全体の電流に等しい。）

✏ テストの例題チェック

① 電流の大きさを表す単位は？　　　　　　　　　　　[アンペア（A）]

② 1 Aは何 mA？　　　　　　　　　　　　　　　　　[1000 mA]

③ 右の回路図は, 直列回路と並列回路のどちら？　[直列回路]

④ 右の回路図で,電流 I_1～I_3 の間に成り立つ式は？　[$I_1 = I_2 = I_3$]

⑤ 並列回路で, 枝分かれする前の電流の大きさと, 枝分かれし
たあとの電流の大きさの和の関係は？　　　　　　　[等しい]

27 回路と電圧

1 電圧の大きさ

(1)電圧 … 電流を流そうとするはたらき。

(2)電圧の単位 … ボルト(記号 V)。

(3)電圧の大きさと電流 … 電圧が**大きいほど, 大きい電流が流れる**ため, 豆電球は明るくなり, モーターは速く回る。

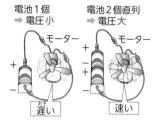

電池1個
➡ 電圧小

電池2個直列
➡ 電圧大

モーター

遅い　速い

▲電圧の大きさとモーターの回転

参考

乾電池のつなぎ方と全体の電圧

①**直列つなぎ** … ＋極と一極を交互につなぐ。各乾電池の電圧の和に等しい。

②**並列つなぎ** … 同極どうしをまとめてつなぐ。乾電池1個の電圧に等しい。

直列つなぎ

並列つなぎ

2 直列回路の電圧

●**直列回路の電圧の大きさ**

… 回路の**各部分に加わる電圧の和**は, **全体に加わる電圧(電源の電圧)に等しい。**

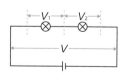

▲直列回路の電圧

$$V = V_1 + V_2$$

3 並列回路の電圧

●**並列回路の電圧の大きさ**…回路の各部分に加わる電圧の大きさは，**全体に加わる電圧（電源の電圧）に等しい。**

$$V = V_1 = V_2$$

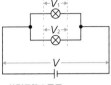

▲ 並列回路の電圧

▶並列つなぎの抵抗器や豆電球に加わる電圧の大きさはすべて同じで，電源の電圧に等しい。

くわしく

回路の豆電球の両端には電圧が生じる。導線部分にもわずかに電圧が生じるが，非常に小さく，電圧計で測定できないので電圧は生じないとしている。

ミス注意

並列につないである各豆電球の両端に加わる電圧は必ず等しくなるが，それぞれの豆電球を流れる電流の大きさは，豆電球の種類（電気抵抗）によって異なる。(→p.72)

✍ テストの例題チェック

① 電圧の大きさを表す単位は？ 　　　　　　　　　　　　　[ボルト（V）]

② 乾電池2個の直列つなぎと並列つなぎでは，どちらがモーターが速く回る？

[直列つなぎ]

③ 右図で，電圧 V，V_1，V_2 の間にある関係を式で表すと？

[$V = V_1 + V_2$]

④ 回路全体の電圧が，各豆電球に加わる電圧と等しいのは直列回路と並列回路のどちらか？

[並列回路]

28 電流計と電圧計

1 電流計の使い方

(1) **電流計** … 電流の大きさをはかる。

(2) **電流計のつなぎ方** … はかろうと
する回路の部分に**直列**につなぐ。

(3) **端子のつなぎ方**

＋端子 … 電源の**＋極**側につなぐ。

－端子 … 電源の**－極**側につなぐ。

(4) **－端子の選び方** … 右図で，電流
の大きさが予想できないときは，
最大の5A端子につなぐ。

▶針の振れが小さいときは，500 mA，
50 mA の端子に順につなぎかえ
る。

(5) **目盛りの読みとり方** … 使った端子
に合った数値を読む。

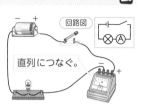

回路図

直列につなぐ。

▲電流計のつなぎ方

50 mA　500 mA　5 A
－端子　　　　　　　＋端子

▲電流計の端子

5 Aの端子を使ったときに読む

50 mA，500 mAの端子を
使ったときに読む

目盛りの読み方 5 A端子→1.50 A
500 mA端子→150 mA 50 mA端子→15.0 mA

▲目盛りの読みとり方

一端子	5 A	500 mA	50 mA
最大測定値	5 A	500 mA	50 mA
1目盛りの大きさ	0.1 A (100 mA)	10 mA	1 mA

ミス注意

目盛りは，最小目盛りの $\frac{1}{10}$ までを目分量で読みとる。これは，右ページの
電圧計についても同じ。

テストでは 電流計と電圧計のつなぎ方がよく出るので，正確に覚えておこう。使った端子に合った目盛りの読みとり方もおさえておこう。

2│電圧計の使い方

(1)**電圧計** … 電圧の大きさをはかる。

(2)**電圧計のつなぎ方** … はかろうとする回路の部分に**並列**につなぐ。

(3)**端子のつなぎ方**

　＋端子 … 電源の**＋極側につなぐ**。

　－端子 … 電源の**－極側につなぐ**。

(4)**－端子の選び方** … 右図で，電圧の大きさが予想できないときは，**最大の300Vの端子につなぐ**。

　▶針の振れが小さすぎるときは，15V，3Vの端子に順につなぎかえる。

(5)**目盛りの読みとり方** … 使った端子に合った数値を読む。

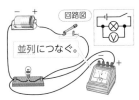

▲電圧計のつなぎ方

▲電圧計の端子

－端子	300V	15V	3V
最大測定値	300V	15V	3V
1目盛りの大きさ	10V	0.5V	0.1V

目盛りの読み方 300V端子→50V
15V端子→2.50V　3V端子→0.50V

▲目盛りの読みとり方

📝 テストの例題チェック

① 回路に直列につなぐのは，電流計？　電圧計？　　　　　　　　［ 電流計 ］

② 電流計を使うとき，はじめに選ぶ－端子は最大値の端子？　最小値の端子？

　　　　　　　　　　　　　　　　　　　　　　　　　　　　［ 最大値の端子 ］

29 オームの法則

☑ 1 電流と電圧の関係

●**電流と電圧の関係**… 右図のような回路をつくり，電熱線 A，B について，電熱線の両端に加わる電圧と，流れる電流の大きさを調べて，**電流と電圧の関係**をグラフに表す。

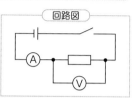

回路図

▲ 電流と電圧の関係を調べる

①グラフは，**原点を通る直線**になる。

▶電熱線を流れる**電流**は，電熱線の両端に加わる**電圧**に**比例**する。

②グラフの**傾き**がちがう。

▶同じ電圧でも，**電熱線によって流れる電流の大きさがちがう。**

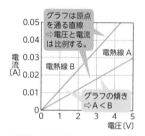

グラフは原点を通る直線
⇒電流と電圧は比例する。

電熱線 A

電熱線 B

グラフの傾き
⇒A＜B

▲ 電流と電圧の関係

例 右のグラフでは，グラフの傾きが小さい電熱線 ［A B］ の方が電流が流れに**くい**。

▶傾きが小さいものほど，**電流が流れにくく，抵抗が大きい。**

☑ 2 電気抵抗

(1)**電気抵抗(抵抗)**… 電流の流れに**くさ**。単位は**オーム**(記号 **Ω**)。

▶**1 Ω** は，**1 V** の電圧で**1 A** の電流が流れる抵抗の大きさ。

(2)**導体**… 抵抗が小さく，**電流をよく通す物質**。金属など。

(3)**不導体 (絶縁体)** … 抵抗が大きく**電流をほとんど通さない物質**。ガラスやゴムなど。

3 | オームの法則

(1) **オームの法則**…電熱線を流れる**電流**は，電熱線の両端に加わる電圧に比例する。

(2) **オームの法則の式**

抵抗を求める式

$$抵抗 R(\Omega) = \frac{電圧\ V(V)}{電流\ I(A)}$$

 変形

電圧を求める式
$$V = RI$$

電流を求める式
$$I = \frac{V}{R}$$

例 右の回路の抵抗 R を求めると，

$$R = \frac{V}{I} = \frac{1\ V}{0.5\ A} = 2\ \Omega$$

暗記術

かくして使うオームの法則…抵抗を求めるときは，右図の抵抗をかくす。すると，電圧÷電流となり，抵抗を求める式がわかる。電圧や電流も同じようにすればよい。

テストの例題チェック

① 電流と電圧のグラフは，どのような形になる？ [原点を通る直線]

② 電熱線を流れる電流は何に比例する？ [電圧]

③ 電流の流れにくさを表したものを何という？ [電気抵抗(抵抗)]

④ 右図の回路の I は何 A？ $\left[\left(\frac{3\ V}{15\ \Omega} = \right) 0.2\ A \right]$

30 回路全体の抵抗

☐ 1│2つの電熱線をつないだ回路

(1)**全体の抵抗**…2つの電熱線を1つの電熱線に置きかえて考える。

➡全体の電流・電圧を**オーム**の法則の式にあてはめる。

(2)**直列回路**…図Aの場合

$$全体の抵抗＝\frac{3\,V}{0.06\,A}＝50\,Ω$$

(3)**並列回路**…図Bの場合

$$全体の抵抗＝\frac{3\,V}{0.25\,A}＝12\,Ω$$

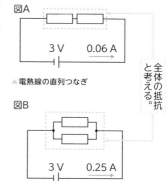

図A

3 V   0.06 A

▲電熱線の直列つなぎ

図B

3 V   0.25 A

▲電熱線の並列つなぎ

全体の抵抗と考える。

☐ 2│直列回路の全体の抵抗

●**直列回路の全体の抵抗**…全体の抵抗 R は**各電熱線の抵抗の和**になる。

$$R = R_1 + R_2$$

例 右下の図は直列回路なので，上の式から，

全体の抵抗 R＝4 Ω＋6 Ω

＝10 Ω

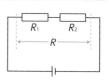

R_1 R_2

R

▲直列回路の全体の抵抗

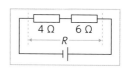

4 Ω   6 Ω

R

3 | 並列回路の全体の抵抗

●**並列回路の全体の抵抗** … 全体の抵抗 R は，各電熱線のどの抵抗よりも**小さい**。

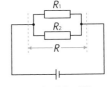

▲並列回路の全体の抵抗

$$R < R_1 \quad R < R_2$$

$$\frac{1}{R} = \frac{1}{R_1} + \frac{1}{R_2}$$

例 右図の回路の全体の抵抗 R は，
$$\frac{1}{R} = \frac{1}{4\ \Omega} + \frac{1}{12\ \Omega} \quad \text{より,} \quad \frac{1}{R} = \frac{1}{3\ \Omega}$$
よって，$R = 3\ \Omega$

◆ くわしく

電熱線を並列につなぐと，電流の通り道がふえることになり，電流が通りやすくなる。そのため，全体の抵抗の大きさは，各電熱線の抵抗の大きさより小さくなる。

✎ テストの例題チェック

① 電熱線 R_1 と R_2 の直列回路で，全体の抵抗を R としたとき，成り立つ式は？
[$R = R_1 + R_2$]

② 右図の回路の全体の抵抗の大きさは何 Ω？
[（5 Ω＋10 Ω＝）15 Ω]

③ 全体の抵抗の大きさが，回路中の各抵抗の大きさよりも小さくなるのは，直列回路？ 並列回路？ [並列回路]

31 電力と電力量

☐ 1 | 電力

(1) **電力**…**1秒間に消費する電気エネルギー**
の量。消費電力ともいう。

電力(W)＝電圧(V) × 電流(A)

消費される電力は1 W

▲電力の定義

(2) **電力の単位**… **ワット** （記号**W**），
キロワット （記号 **kW**），1000 W＝1 kW

▶ **1 W**は，**1 V**の電圧で**1 A**の
電流が流れたときの電力。

(3) **電気器具のはたらきの大きさ**
… **ワット数が大きい** ➡ **はたらき**
が大きい。

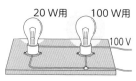

▲電球の電力と明るさ

▶20 Wと100 Wの電球では，**100 W**の方が明るい。

☐ 2 | 電力量

(1) **電力量**… 消費された**電気エネルギーの全体の量**。

電力量(J)＝電力(W) × 時間(s)

(2) **電力量の単位**… **ジュール** （記号 **J**），**ワット秒** （記号 **Ws**），
ワット時 （記号 **Wh**），**キロワット時** （記号 **kWh**）

▶ 1 J＝1 Ws　　1 kWh＝**1000** Wh

▶ 1 Wh＝1 W× **1** h＝1 W×**3600** s＝3600 Ws＝**3600** J

テストでは 消費電力と電圧から，流れる電流を答えさせる問題が多い。電力を求める式を頭に入れておこう。

3│熱量

(1) **熱量** … 電流を流したときに発生する熱のように，**物質に出入りする熱の量**。単位は**ジュール**（記号 J）

(2) **熱量と水の上昇温度** … 水の質量が一定のとき，**水の上昇温度は水に加えた熱量に比例する**。

▶ 水 1 g の温度を 1 ℃ 上げるのに必要な熱量は，**約4.2 J**。

(3) **電熱線の発熱量** … 電熱線で消費される**電力量**に等しい。

▶ **電力**と**時間**に比例する。

発熱量〔J〕＝電力〔W〕× 時間〔s〕

▶ 1 J は 1 W の電力で 1 秒間に発生した熱量。

✿ くわしく

電熱線の発熱量がすべて水の温度上昇に使われると，水が得た熱量は電熱線の発熱量と一致するが，実際には熱の一部が逃げてしまうので，ふつうは水の得た熱量の方が小さくなる。

📝 テ ス ト の 例 題 チ ェ ッ ク

① 電圧と電流の積で表される量を何という？　　　　　　　　　　[電力]

② 右図の電熱線で消費される電力は何 W？
　　　　　　　　　[（1 V×1 A＝） 1 W]

③ 500 W の電気ポットを 1 分間使ったときの電力量は
　何 J？　　　　　　　[（500 W×60 s＝） 30000 J]

④ 20 W の電力で30 秒間電流を流したときに発生する熱量は何 J？
　　　　　　　　　　[（20 W×30 s＝） 600 J]

32 磁力と磁界

1 | 磁石の力

(1) **磁極**…磁石の両端。**N極**と**S極**がある。

▶ **N極は北**を，**S極は南**を向く。

▲ 磁石の磁極の決め方

(2) **磁力**…磁極間や，磁極と鉄片などの間

にはたらく力。同極間では**反発**する力，

異極間では**引き合う力**がはたらく。

くわしく

地球は1つの大きな磁石である。**北極付近がS極**，**南極付近がN極**になっているため，磁針は常に南北を指す。

2 | 磁界と磁力線

(1) **磁界**…磁力がはたらいてい
る空間。

(2) **磁界の向き**…磁界中に置い
た磁針の**N極**が指す向き。

(3) **磁界の強さ**…磁界中の各点
での磁力の強さ。

▶ **磁力が大きい場所**ほど，**磁
界が強い**。

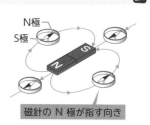

磁針の **N** が指す向き

▲ 磁界の向き

(4) **磁力線**…磁界の向きに沿ってかいた線。
各点での磁針のN極が指す向きを，曲
線で結んでかく。

▶ 磁力線の矢印は**磁界の向き**を表す。

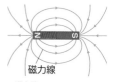

▲ 磁力線

テストでは 棒磁石の近くに置いた磁針の指す向きがよく問われる。磁力線のようすからN極・S極を判断する問題も多い。

3 | 磁力線の特徴 出る

(1)**磁力線の向き**… **N極から出
てS極へ入る**向きに矢印を
かいて表す。
➡ **磁界の向き**と同じ。

▲磁力線の向き

(2)**磁力線の間隔と磁界の強さ**

①磁力線の**間隔がせまい**と
ころ ➡ 磁界が**強い**。

②磁力線の**間隔が広い**とこ
ろ ➡ 磁界が**弱い**。

(3)磁力線は，交わったり，枝
分かれしたりしない。

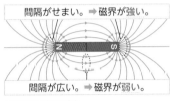

▲磁力線と磁界の強さ

くわしく

2本の棒磁石の磁界の向き
… 異極どうしでは，N極からS極へ磁
力線がつながる。
同極どうしでは右図のようになる。

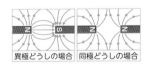

異極どうしの場合 同極どうしの場合

✍ テストの例題チェック

① 磁力がはたらいている空間を何という？ [磁界]

② 磁界中に磁針を置いたとき，磁界の向きは磁針の何極が指す向き？ [N極]

③ 磁界の向きに沿ってかいた線を何という？ [磁力線]

④ 磁力線は磁石の何極から出て何極に向かう？ [N極からS極]

33 電流による磁界

1 電流のまわりの磁界

(1) **電流（導線）のまわりの磁界** … 電流（導線）を中心に**同心円状**にできる。

(2) **磁界の向き** … 電流の向きを右ねじの進む向きに合わせると、磁界の向きは**右ねじを回す向き**になる（右ねじの法則）。

▶ 電流の向きを逆にすると、磁界の向きも**逆**になる。

(3) **磁界の強さ** … 電流が**大きい**ほど、導線に**近い**ほど、磁界は**強く**なる。

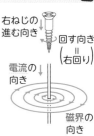

▲ 電流のまわりの磁界

✎ 暗記術

右ねじの法則の覚え方 … 右手の親指を電流の向きに合わせると、導線をにぎった4本の指の向きが、磁界の向きになる。

2 電流（導線）による磁針の振れ

● **電流による磁針の振れ** … 磁針を導線の上と下に置いたときや電流の向きや大きさを変えたときの磁針の振れを調べる。

磁針は導線の上

磁針は導線の下

① ┃ 導線 ┃ 電流
② 逆向きに振れる。 ┃ 電流
③ ┃ 電流 ┃ ①と逆向きの電流 逆向きに振れる。
④ 大きく振れる。 ┃ 大きい電流 ①より大きい電流

①と逆向きの電流

①より大きい電流

※導線は南北方向

> **テストでは** 導線やコイルの近くに置いた磁針の向きから，電流の向きを判断する問題がよく出る。電流と磁界の向きの関係をおさえておこう。

☑ 3 | コイルの磁界

(1) **コイルのまわりの磁界** … 導線を中心にしてそれぞれ **同心円状** の磁界が生じる。

　▶ 合成されて右図のようになる。

(2) **コイルの内側の磁界** … 右手の４本の指で電流の向きにコイルをにぎる。

　▶ 親指の向きが **磁界** の向きを示す。

(3) **コイルの内側と外側** … 磁界の向きが **逆**。

(4) **コイルの磁界の強さ**
　① **電流** が大きいほど強い。
　② **巻数** が多いほど強い。

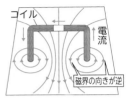
▲ コイルのまわりの磁界

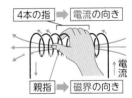
▲ コイルの内側の磁界

📝 テ ス ト の 例 題 チ ェ ッ ク

① 電流が流れる導線のまわりの磁界は，どんな形にできる？　　[同心円状]

② 導線のまわりの磁界の向きは，電流の流れていく方向を見て，右回り？　左回り？　　　　　　　　　　　　　　　　　　　　[右回り]

③ 導線に流す電流を大きくすると，導線上の磁針の振れはどうなる？

[大きくなる]

④ 右図で，コイルの中心付近の磁界の向きは，a，b のどちら？　　　　　　　　　　　　　　　　　　[a]

⑤ コイルの中にできる磁界は，コイルの巻数が多いほどどうなる？　　　　　　　　　　　　[強くなる]

34 電流が磁界から受ける力

1 | 電流が磁界中で受ける力

(1) **電流が磁界中で受ける力の向き**

… **電流の向き**と**磁界の向き**の両方に
<u>垂直</u>な向き。

▶力の向きは, 電流の向きと磁界の向
きで決まる。

(2) **受ける力の向きの変化**

▲受ける力の向き

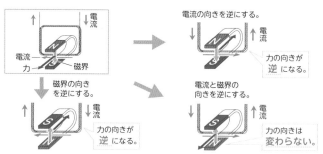

(3) **受ける力の大きさの変化** … **電流の大きさ**を変えるか, **磁界の
強さ**を変えると, 受ける力の大きさが変化する。

① **電流を大きくする** … 受ける力が**大きく**なる。

② **磁界を強くする** … 受ける力が**大きく**なる。

参考

電流の向き・磁界の向き・力の向きの関係は, 左
手を右図のようにしたときの3本の指の向きに対
応している。

☐ **2│モーターが動くしくみ**

(1)**モーター** … **電流が磁界から受ける
力**を利用して，コイルを連続して回
転させる装置。

(2)**モーターが回転するしくみ** … コイル
に流れる**電流**の向きを変えること
で，コイルが**常に同じ向き**に力を
受けて回転する。

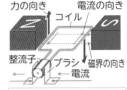

力の向き　電流の向き
コイル

整流子　ブラシ　磁界の向き
電流

電流が磁界中で力を受け，
↑↓の向きに回転する。

◀─ モーターの原理

(3)**整流子とブラシ** … コイルに流れる電流の向きを，**半回転ごとに
逆にする**はたらきをしている。

▶整流子とブラシがあるため，コイルは同じ向きに回転を続ける。

✏ テストの例題チェック

① 磁界中の導線に電流を流すと，導線は何を受ける？　　　　　　　 [力]

② 磁界中を流れる電流の向きを逆にすると，電流が受ける力の向きはどうなる？
　　　　　　　　　　　　　　　　　　　　　　　　　　 [逆になる]

③ 右図で，コイルはアの向きに振れた。磁石のN極を上に
　すると，コイルはア，イのどちらに振れる？　　　 [イ]

④ 電流が磁界から受ける力を利用して，コイルを回転させ
　る装置を何という？　　　　　　　　　　　　 [モーター]

⑤ モーターのしくみで，コイルに流れる電流の向きを変えているのは，ブラシ
　と何？　　　　　　　　　　　　　　　　　　　　　　　 [整流子]

35 電磁誘導

1│電磁誘導

(1) **電磁誘導** … コイルの中の磁界を変化
させると，**コイルに電圧が生じる現象。**

▶右図で，棒磁石を動かしているとき
は電圧が生じ，止めると生じない。

(2) **誘導電流** … 電磁誘導によって流れる
電流。
└── 回路が閉じているときだけ流れる。

(3) **発電機** … 電磁誘導によって，電流を
連続してとり出す装置。

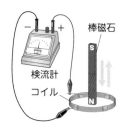

棒磁石

検流計

コイル

▲コイルに磁石を出し入れする

2│誘導電流の向き

●**誘導電流の向き** … 磁石の磁極と，動かす向きによってちがう。

① 磁極が **N極**か**S極**かによって，誘導電流の向きは**逆**になる。

② 磁石を**近づける**か，**遠ざける**かによって，誘導電流の向きは
逆になる。

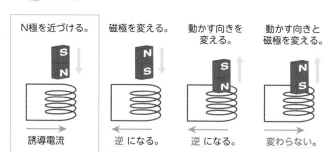

N極を近づける。	磁極を変える。	動かす向きを変える。	動かす向きと磁極を変える。
誘導電流	逆 になる。	逆 になる。	変わらない。

3 | 誘導電流の大きさ

(1)**磁界の変化** … 磁界の変化が大きい（磁石を速く動かす）ほど，誘導電流は**大きい**。

(2)**コイルの巻数** … コイルの**巻数が多い**ほど，誘導電流は大きい。

(3)**磁石の強さ** … 磁石の**磁界が強い**ほど，誘導電流は大きい。

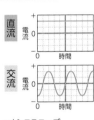

▲誘導電流の大きさを変えるもの

4 | 直流と交流

(1)**直流** … 一定の向きに流れる電流。

例 乾電池の電流。

(2)**交流** … 向きが周期的に変化する電流。

例 家庭のコンセントの電流。

▶**周波数** … 1秒間にくり返す電流の変化の回数。単位は**ヘルツ**（記号**Hz**）。

▲オシロスコープ

✎ テストの例題チェック

① コイルの中の磁界を変化させると，コイルに電圧が発生する。この現象を何という？　[電磁誘導]

②①の現象によって流れる電流を何という？　[誘導電流]

③磁石をコイルに出し入れする速さを速くすると，コイルに流れる誘導電流の大きさはどうなる？　[大きくなる]

④向きが周期的に変化する電流を何という？　[交流]

36 静電気と放電

1 | 静電気の発生

(1) **静電気** … 2種類の物体をこすり
合わせたときに生じる電気。

(2) **帯電** … 物体が電気を帯びること。

(3) **静電気の発生** … 物質の中にある,
－の電気をもつ小さな粒子(**電
子**)が, 移動するために生じる。

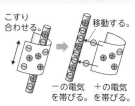

こすり
合わせる。　　移動する。

－の電気　　＋の電気
を帯びる。　を帯びる。

▲静電気が発生するしくみ

くわしく

静電気による現象の例 … ①プラスチックの下じきで髪の毛
をこすると, 髪の毛が逆立つ。②乾燥した日に, 衣類が
からだにまとわりつくことがある。

2 | 静電気のはたらき

(1) **電気の種類** … ＋の電気と－の電
気の2種類がある。

(2) **電気による力 (電気力)** … 電気の
間ではたらく力。

　①離れていてもはたらく。

　②同じ種類の電気どうし (＋と＋,
　　－と－) は, **しりぞけ合う力**が
　　はたらく。

　③異なる種類の電気どうし (＋と
　　－) は, **引き合う力**がはたらく。

ティッシュ
ペーパー

こする。

2本の
ストロー

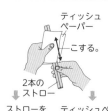

ストローを
近づける。　　ティッシュペー
　　　　　　　パーを近づける。

しりぞけ合う。　引き合う。

▲静電気による力

3 | 放電

(1) 放電 … たまっていた電気が流れ出したり，**電気が空間を移動したりする現象。**

(2) **放電の例**

① **ネオン管**を，帯電した下じきにつけると，電気がネオン管を通って手に流れ，ネオン管が放電して光る。

▶ たまった電気はすぐに移動するので，一瞬だけ光る。

② 雷は，自然界で起こる大規模な放電で，雲にたまった電気が，雲の間や雲と地表の間で流れる現象である。

プラスチックの下じき
ネオン管
▲ネオン管の放電

▲ 雷　©アーテファクトリー

✍ テストの例題チェック

① 2種類の物体をこすり合わせたときに生じる電気を何という？　[静電気]

② 静電気の2種類の電気は，何と何？　[＋と－（の電気）]

③ 同じ種類の電気どうしには，どのような力がはたらく？　[しりぞけ合う力]

④ 異なる種類の電気どうしには，どのような力がはたらく？　[引き合う力]

⑤ 右図のようにティッシュペーパーで摩擦したストローどうしを近づけると，どのような力がはたらく？

[しりぞけ合う力]

⑥ 雷は電気の何という現象？　[放電]

摩擦した
ストロー

37 電流の正体，放射線

1 真空放電と陰極線

(1) **真空放電** … 放電管内の空気をぬいて**圧力を非常に小さくしたとき**に起こる放電。 ─ p.94

▶ 放電管内の気体の圧力の大きさによって，特有の色の光を出す。

(2) **陰極線** … 真空放電管内を **− 極から + 極へ向かう電子の流れ**。**電子線**ともいう。

(3) **陰極線の性質**

①**− 極から出て + 極に向かって直進**する。

②**電圧**を加えると，**+ 極側に曲がる**。

▶ **−の電気をもっている**。

③**磁石の磁界によって曲がる**。

(4) **電子** … **−の電気**をもつ非常に小さい**粒子**。

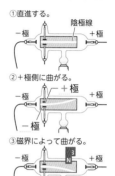

①直進する。

②+極側に曲がる。

③磁界によって曲がる。

▲ 陰極線の性質

2 電流と電子

(1) **金属中の電子** … 金属原子から離れて自由に動き回る電子がある。
　　　　　　　　　 └ 自由電子という。

(2) **電流の正体** … 導線（金属線）中を移動する**電子の流れ**。

(3) **電子の移動する向き** … 電圧が加わると，電子が**−極から+極へ移動**する。

(4) **電流の向き** … 電子が移動する向きとは**逆向き**。

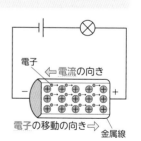

電子

⇐ 電流の向き

電子の移動の向き ⇨　金属線

▲ 電流の向きと電子

テストでは 陰極線とその性質がよく出る。電流の向きと電子が移動する向きに注意する。放射線とその性質もおさえておこう。

☑ 3 | 放射線

(1) **放射線** … X 線，α 線，β 線，γ 線などがある。

(2) **放射性物質** … 放射線を出す物質。核燃料のウランなど。

(3) **放射能** … 放射性物質が放射線を出す能力。

(4) **放射線の性質**

　①目に見えない。

　②**透過力**（物体を通りぬける能力）がある。

　③α 線，β 線は粒子の流れ。γ 線，X 線は光のなかま。

▲放射線の透過力

(5) **シーベルト（記号 Sv）** … 人体に影響を与える放射線量の単位。

(6) **放射線の利用** … **レントゲン撮影**，農作物の品種改良，工業製品の検査など。

📝 テ ス ト の 例 題 チ ェ ッ ク

① 放電管内の圧力を小さくしたときの放電を何という？　　　　[真空放電]

② 真空放電管の－極から出る電子の流れを何という？　　[陰極線（電子線）]

③ 陰極線は＋と－のどちらの電気をもっている？　　　　　　　　　[－]

④ 導線を流れる電流は，何という粒子の流れ？　　　　　　　　　[電子]

⑤ 回路を流れる電流の向きと電子が移動する向きは，同じ向き？　逆向き？

　　　　　　　　　　　　　　　　　　　　　　　　　　　　[逆向き]

⑥ X 線，α 線，β 線，γ 線などを何という？　　　　　　　　[放射線]

⑦ ウランのような放射線を出す物質を何という？　　　　　[放射性物質]

■ 1 電流の性質

●直列回路の電流

どの部分も同じ。

●並列回路の電流

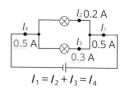

$I_1 = I_2 + I_3 = I_4$

●直列回路の電圧

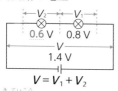

$V = V_1 + V_2$

●並列回路の電圧

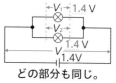

どの部分も同じ。

●電気抵抗（抵抗）… 電流の流れにくさ。電流と電圧のグラフでは，傾きが小さいほど電流が流れにくく，抵抗は大きい。

　　　　　　　　　　　　　　　　電流は縦軸，電圧は横軸

●オームの法則の式

$$抵抗 R = \frac{電圧 V}{電流 I} \qquad V = I \times R \qquad I = \frac{V}{R}$$

●直列回路の全体の抵抗… 各抵抗の和。　　　　$R = R_1 + R_2$

●並列回路の全体の抵抗R … 各抵抗（R_1, R_2）の大きさよりも小さい。$R < R_1$　$R < R_2$　　$\dfrac{1}{R} = \dfrac{1}{R_1} + \dfrac{1}{R_2}$

●電力〔W〕＝電圧〔V〕×電流〔A〕　　1000W = 1 kW

●電力量〔J〕＝電力〔W〕×時間〔s〕　　1 J = 1 Ws

（電熱線の）発熱量〔J〕＝電力〔W〕×時間〔s〕　… 電熱線で消費される電力量に等しい。

3章　電気の世界

■ 2 | 電流と磁界

● **磁界の向き**…磁針の N 極が指す向き。**磁力線の向き**を表す。

● **電流による磁界**

● **コイルの内側の磁界**

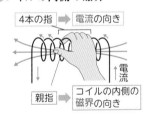

● **電流が磁界中で受ける力の向き**…電流の向きと磁界の向きの両方に**垂直**な向き。

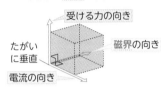

● **電磁誘導**…コイルの中の磁界を変化させると，**コイルに電圧が生じる**現象。

● **誘導電流**…電磁誘導によって流れる電流。磁石を速く動かす（磁界の変化が大きい）ほど，**誘導電流は大きく**なる。

■ 3 | 電流の正体

● **電流の正体**…金属線中を移動する**電子の流れ**。
電圧が加わると，電子が−極から＋極へ移動。**電流とは逆向き**。

● **放射線**…X 線，α 線，β 線，γ 線などがある。
目に見えない，物体を通りぬける能力（透過力）がある。

38 気象観測

1 | 気象観測のしかた

(1)**天気**…雲量から判断する。

▶雲量は，空全体を10としたときの，雲の占める割合。

雲量	0～1	2～8	9～10
天気	快晴	晴れ	くもり

雲量と天気

(2)**気温**…風通しのよい，日かげで，地上から約 **1.5 m** の高さではかる。

(3)**湿度**…乾湿計の乾球と湿球の示度から，湿度表を用いて読みとる。

例 乾球の示度（気温）が 19 ℃，湿球の示度が 16 ℃のとき，**乾球と湿球の示度の差**は 3.0 ℃。よって湿度表より，湿度は 72 % とわかる。

乾球の示度	乾球と湿球の示度の差		
示 度	(3.0)	3.5	4.0
20	72	68	64
(19)→	72	67	63
18	71	66	62

乾湿計と湿度表

くわしく

乾湿計には，乾球温度計と湿球温度計がある。湿球温度計は球部を布で包み，布は水につけてしめらせておく。

(4)**気圧**…アネロイド気圧計や水銀気圧計で測定する。 ─p.95

▶単位は**ヘクトパスカル**（記号 **hPa**）。

(5)**風向**…風がふいてくる方向を**16方位**で表す。

(6)**風力**…風の強さ。風力階級表を用いて風力 0 ～12で表す。

(7)**アメダス**…気象庁の**地域気象観測システム**。全国の気象観測所から自動的に気象データを集める。

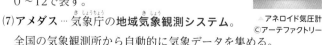

アネロイド気圧計
©アーテファクトリー

テストで役立 乾湿計の示度と湿度表から湿度を求めさせる問題はよく出る。湿度の求め方を練習しておこう。天気図の読み方もおさえておこう。

2 | 天気図の読み方

(1)**気象要素** … 雲量，風向，**風力**，気温，湿度，気圧など。

(2)**天気図** … 天気図記号を
用いて各地点での気象要
素を記入し，**等圧線**など
— p.96
をかき加えた地図。

記号	○	◑	◎	●	⊗
天気	快晴	晴れ	くもり	雨	雪

▲ 天気記号

(3)**天気図記号の表し方**

①**天気** … 天気記号で表す。

②**風向** … 矢の**向き**で表す。

③**風力** … 矢羽根の**数**で表す。

例　右図の天気図記号は，次のように読む。

天気 … **くもり**　風向 … **北東**

風力 … **4**

▲ 天気図記号の例

✎ テストの例題チェック

① 雨が降っていない雲量 7 のときの天気は？　　　　　　　　　　[晴れ]

② 気温は地上約何 m の高さではかる？　　　　　　　　　　　　[1.5 m]

③ 乾球の示度が 20 ℃，湿球の示度が 16.5 ℃ のとき，湿度は何％？　左ページ
の湿度表を使って答えよ。　　　　　　　　　　　　　　　　　[68％]

④ 風がふいてくる方向を何という？　　　　　　　　　　　　　　[風向]

⑤ 風の強さを何という？　　　　　　　　　　　　　　　　　　　[風力]

⑥ 右図の天気図記号が示す，天気,風向,風力は？

天気 [快晴]　風向 [北西]　風力 [3]

39 圧力と大気圧

1│圧力

(1)**圧力**…**単位面積（1 m² など）あたりの面を垂直に押す力。**

(2)**圧力の単位**…**パスカル**（記号 **Pa**），または，**ニュートン毎平方メートル**（記号 **N/m²**）。**1 Pa = 1 N/m²**

(3)**圧力を求める式**…圧力は，力の大きさを力を受ける面の面積で割って求める。

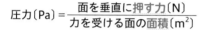

$$圧力〔Pa〕= \frac{面を垂直に押す力〔N〕}{力を受ける面の面積〔m²〕}$$

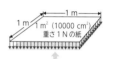

この紙から受ける圧力は 1 Pa である。

▶ **1 Pa** は，**1 m²** の面を **1 N** の力で押すときの圧力である。

2│加える力・面積と圧力

(1)**加える力と圧力**…加える力が大きいほど，圧力は**大きく**なる。

(2)**力を受ける面積と圧力**…力を受ける**面積**が大きいほど，圧力は**小さく**なる。

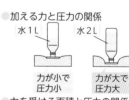

●加える力と圧力の関係

水 1 L ／ 水 2 L

力が小で圧力小 ／ 力が大で圧力大

暗記術

圧力と力を受ける面積の関係
→**厚揚げにはめんとしょう油**
（圧力を上げるには面積を小さくする。）

●力を受ける面積と圧力の関係

50 cm² ／ 10 cm²

面積大で圧力小 ／ 面積小で圧力大

←加える力・面積と圧力

☐ 3│大気圧

(1) 大気圧 … 大気（地球をとりまく空気）に重力がはたらくことで生じる圧力。気圧ともいう。

(2) 大気圧の単位

… ヘクトパスカル（記号 hPa）

1 hPa＝100 Pa

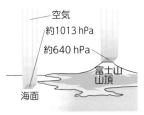

▲大気圧の大きさのちがい

▶ 大気圧は，海面（海抜 0 m）で約 1013 hPa であり，これを1 気圧という。

$$1 気圧 ＝ 約1013\ hPa$$
$$＝ 約101300\ Pa$$
$$＝ 約101300\ N/m^2$$

(3) 大気圧の性質

① 大気圧は，高度が高いところほど（上空にいくほど）低い。
(小さい)
② 大気圧は，あらゆる向きからはたらいている。

✎ テストの例題チェック

① 単位面積あたりの面を垂直に押す力を何という？ ［ 圧力 ］

② 同じ大きさの力がはたらいているとき，力を受ける面の面積が小さくなると，圧力はどうなる？ ［ 大きくなる ］

③ 圧力の単位の記号は何？ ［ Pa（または N/m²）］

④ 地球をとりまく空気による圧力を何という？ ［ 大気圧（気圧）］

⑤ 大気圧の単位 hPa の読み方は？ ［ ヘクトパスカル ］

⑥ 富士山の山頂とふもとで，気圧が低いのはどちら？ ［ 山頂 ］

40 気圧と風

1 │ 気圧の変化

(1)**気圧の変化** … 気圧は，場所，時刻，高さによって変化する。

▶**海面からの高さが高い**ほど，気圧は低くなる。

等圧線　気圧が低いところ

気圧が高いところ

▲等圧線

(2)**等圧線** … 同時刻に観測した気圧の等しい地点を結んだ曲線。気圧の分布や変化のようすがわかる。

▶等圧線は，1000 hPa を基準に 4 hPa ごとに実線で引き，20 hPa ごとに太線にする。

(3)**気圧の読み方** … 右図で，Q，R地点のように，等圧線上にない地点の気圧は比を使って求める。

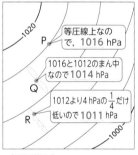

P　等圧線上なので，1016 hPa

Q　1016と1012のまん中なので1014 hPa

R　1012より4 hPaの $\frac{1}{4}$ だけ低いので1011 hPa

▲気圧の読み方

◆ くわしく

高さが 10 m 低くなるごとに，気圧は約 1.2 hPa ずつ高くなる。このことから，高さがちがうところで測定した気圧は，海面での値に直して比較する。天気図の等圧線は，海面での値に修正した気圧を使用している。

2 | 気圧と風

(1)**風** … 空気が移動する現象。2地
点間に**気圧の差**があると起こる。

(2)**風のふき方** … 気圧の**高い**ところ
から**低い**ところに向かってふく。

(3)**風の強さ** … 同じ距離間の気圧の
差が**大きい**ほど，風が**強く**ふく。

(4)**等圧線と風力** … 等圧線の間隔が
せまいほど，風力は**大きく**なる。

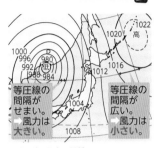

等圧線の
間隔が
せまい。
➡風力は
大きい。

等圧線の
間隔が
広い。
➡風力は
小さい。

▲等圧線と風力の関係

くわしく

気圧の高い場所や低い場所があるのは，日射のちがいが原因となって，場所
によって温度差が生じるからである。温度の高い場所では，空気が上昇して
気圧が低くなり，温度の低い場所では，空気が下降して気圧が高くなる。

🖊 テストの例題チェック

① 気圧の等しい地点を結んだ曲線を何という？ 　　　　　　　　[等圧線]

② 等圧線は何 hPa を基準にする？ 　　　　　　　　[1000 hPa]

③ 等圧線の間隔はふつう何 hPa？ 　　　　　　　　[4 hPa]

④ 風がふくのは，2つの地点の間に何があるから？ 　　　　　[気圧の差]

⑤ 風は気圧の（A）ところから（B）ところへ向かってふく。 　　A [高い]

　 A，B にあてはまる語は？ 　　　　　　　　B [低い]

⑥ 等圧線の間隔がせまいところほど，風力はどうなる？ 　　[大きくなる]

41 気圧配置と天気

☑ 1 | 気圧配置

(1) **気圧配置**… 高気圧や低気圧などの**気圧**の分布。

(2) **高気圧**… 等圧線が丸く閉じ, 中心の気圧が**まわりより高いところ**。

(3) **低気圧**… 等圧線が丸く閉じ, 中心の気圧が**まわりより低いところ**。

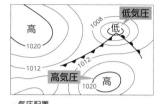
気圧配置

✎ ミス注意

高気圧と低気圧は, 気圧の値が1気圧（約1013 hPa）より高いか, 低いかで決まるのではないことに注意しよう。

☑ 2 | 高気圧・低気圧と風のふき方, 天気（北半球の場合）

中心付近	高気圧		低気圧
気流	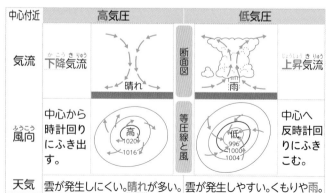下降気流　晴れ	断面図	上昇気流　雨
風向	中心から時計回りにふき出す。 高 1020 1016	等圧線と風	低 996 1000 1004 中心へ反時計回りにふきこむ。
天気	雲が発生しにくい。晴れが多い。		雲が発生しやすい。くもりや雨。

☑ 3 | 高気圧・低気圧と空気の流れ

● 地表付近では，**高気圧**から**低気圧**に向かって空気が流れる。

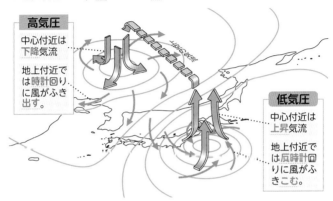

高気圧

中心付近は
下降気流

地上付近で
は時計回り
に風がふき
出す。

低気圧

中心付近は
上昇気流

地上付近で
は反時計回
りに風がふ
きこむ。

✐ テストの例題チェック

① 気圧の分布のようすを何という？　　　　　　　　　　　　　[気圧配置]

② 等圧線が丸く閉じ，まわりより気圧が高いところを何という？　[高気圧]

③ 等圧線が丸く閉じ，まわりより気圧が低いところを何という？　[低気圧]

④ 北半球では，高気圧の中心付近からふき出す風は，時計回り？　反時計回り？
　　　　　　　　　　　　　　　　　　　　　　　　　　　　[時計回り]

⑤ 中心付近に上昇気流が生じるのは，高気圧？　低気圧？　　　[低気圧]

⑥ 中心付近に雲ができやすく天気が悪いのは，高気圧？　低気圧？[低気圧]

42 気象要素と天気,自然の恵みと災害

☑ **1 | 気象要素の変化と天気**

(1)下のグラフで,気圧が最も低かったのは,4月2日である。

(2)下のグラフで,Aは湿度,Bは気温を表している。

(3)晴れの日は,気温が上がると湿度が下がる。

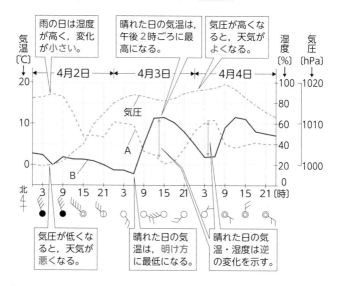

雨の日は湿度が高く,変化が小さい。

晴れた日の気温は,午後2時ごろに最高になる。

気圧が高くなると,天気がよくなる。

気圧が低くなると,天気が悪くなる。

晴れた日の気温は,明け方に最低になる。

晴れた日の気温・湿度は逆の変化を示す。

暗 記 術

気圧と天気の関係
→**高気圧は好天気。**（気圧が高いときは天気がよい。）

テストでは 晴れた日や雨の日の気圧や気温の変化の特徴がよく問われる。晴れた日の気温と湿度の関係も十分理解しておこう。自然の恵みと気象災害も確認しよう。

2 | 自然の恵みと気象災害

(1)天気の変化と恵み…日本では，梅雨期や秋雨期の雨，台風による大雨，北日本や日本海側の冬の大雪など，1年間を通して**降水が多い**。

p.117 p.117 p.116

①**豊富な水の利用**…生活用水，農業や**工業**用水，水力**発電**など。

②豊かな森林や美しい景観をうみ出している。

(2)天気の変化と災害

①**梅雨期・秋雨期**は，**停滞前線**による豪雨が発生する。

p.109

②暴風雨をともなう**台風**は，**強風**による被害，**河川の氾濫**，**高潮**による被害などの災害をもたらす。

夏から秋に日本にやってくる。

▶台風は，暴風雨によるさまざまな災害を引き起こすが，大量の降水による**水不足の解消**などの恩恵もある。

③冬は，**豪雪やなだれ**などの災害が発生する。

テストの例題チェック

① 気圧が低くなると，天気はよくなる？　悪くなる？　［悪くなる］

② 晴れた日の気温が最高になるのは午後何時ごろ？　［午後2時ごろ］

③ 晴れた日の日中，湿度は高くなる？　低くなる？　［低くなる］

④ 右図で，気温を示すグラフはA？　B？　［B］

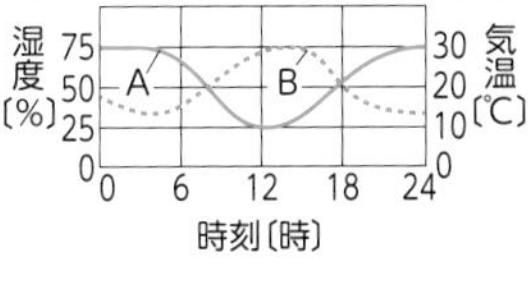

⑤ 右図で示された日の天気は，晴れ？　雨？　［晴れ］

⑥ 夏から秋にかけて暴風雨などによる災害をもたらす一方，夏の水不足の解消に役立っているものは？　［台風］

43 空気中の水蒸気

☑ 1│露点

(1)**露点**…空気中にふくまれる**水蒸気が凝結し始める温度**。

▶**凝結**…気体の状態の物質（水蒸気）が液体（水）に変わること。

(2)**露点のはかり方**

温度計
金属製のコップ
かき回す。
氷水
室温と同じ温度の水
温度を読む。（露点）
表面がくもり始める。

▲露点を調べる実験

①金属製のコップにくみ置き（室温と同じ温度）の水を入れ、少しずつ氷水を加えて冷やしていく。

②コップの表面に**水滴がつき始めたときの温度**を読みとる。

➡ この温度が**露点**。

☑ 2│飽和水蒸気量

(1)**飽和水蒸気量**…1 m³の空気が、その気温でふくむことのできる**最大の水蒸気の質量**。

(2)**気温との関係**…飽和水蒸気量は、**気温が高くなるほど大きくなる**。

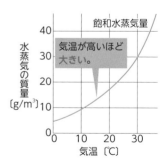

飽和水蒸気量

水蒸気の質量〔g/m³〕

気温〔℃〕

気温が高いほど大きい。

飽和水蒸気量

✦ くわしく

ある物質を、それ以上ふくむことのできない状態を**飽和**（飽和状態）という。

テストでは 金属製のコップを使って露点を測定する実験の問題がよく出る。飽和水蒸気量のグラフと露点の関係もしっかりつかんでおこう。

3 | 飽和水蒸気量と露点

(1) 飽和水蒸気量と露点の関係

①空気の温度が**下がる**と，水蒸気は**飽和状態**に近づく。

②やがて空気は水蒸気で**飽和**する。➡ このときの温度が**露点**。

③空気の温度がさらに下がると，ふくみきれない水蒸気は**凝結**し始める。

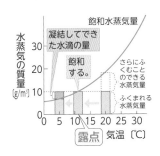

飽和水蒸気量と露点の関係

(2) 空気中の水蒸気の質量と露点

… 空気中にふくまれる**水蒸気の質量**が大きいほど，**露点は高くなる。**

✎ ミス注意

露点は空気中にふくまれる水蒸気の質量で決まり，気温の高低とは関係しない。気温が高くても，空気中にふくまれる水蒸気の質量が小さければ，露点は低くなる。

📝 テストの例題チェック

① 空気中にふくまれる水蒸気が凝結し始める温度を何という？　　　[露点]

② 1 m³ の空気が，その温度でふくむことのできる最大限度の水蒸気の質量を何という？　　　[飽和水蒸気量]

③ 飽和水蒸気量が大きいのは，気温が高いとき？　低いとき？　[高いとき]

④ 1 m³ 中に水蒸気を 5 g ふくむ空気と 10 g ふくむ空気とでは，露点はどちらが高い？　　　[10 g ふくむ空気]

44 湿度

☑ 1 | 湿度

(1) **湿度** … 空気の**しめりけ**の度合い。

▶空気 1 m³ にふくまれている水蒸気の質量が, その気温での**飽和水蒸気量**のどれくらいの割合かを%で示したもの。

(2) 湿度を求める公式

$$湿度〔\%〕= \frac{1\ m^3\ の空気にふくまれる水蒸気の質量〔g/m^3〕}{その空気と同じ気温での飽和水蒸気量〔g/m^3〕} \times 100$$

☑ 2 | 露点から湿度を求める方法

● **湿度の求め方** … **露点**と**気温**から飽和水蒸気量の表やグラフを使って求める。

例 露点が 15 ℃ の空気の, 気温 20 ℃ のときの湿度を求める。

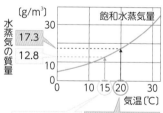

露点から湿度を求める

① 空気中にふくまれる水蒸気の質量は, **露点（15 ℃）** での飽和水蒸気量に等しい。 ▶グラフより, **12.8 g/m³**

② 気温 20 ℃ での飽和水蒸気量 ▶グラフより, **17.3 g/m³**

③ 湿度の公式より, 湿度 = $\dfrac{12.8\ \text{g/m}^3}{17.3\ \text{g/m}^3} \times 100 = 73.9 \cdots$ より, <u>**74%**</u>

テストで注意 飽和水蒸気量のグラフを読みとって，湿度を求める問題がよく出る。湿度の定義や公式をしっかりつかんでおこう。

3 | 霧・露・霜のでき方

(1)**霧・露・霜** … 地表付近の空気が**冷やされて**できる。

①**霧** … 空気中の水蒸気が
凝結(ぎょうけつ)して，**水滴が空中に
浮かんでいるもの。**

②**露** … 空気中の水蒸気が
凝結して，**水滴が地上の
物体に付着したもの。**

③**霜** … 空気中の水蒸気が
**氷になって，地上の物体
に付着したもの。**

(2)**できやすいとき** … 風のない
晴れた夜。➡ 地表の温度が
大きく下がる。

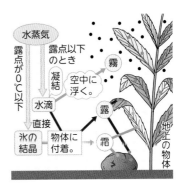

▲霧・露・霜のでき方

🖍 テ ス ト の 例 題 チ ェ ッ ク

① 空気 1 m³ 中にふくまれる水蒸気の質量が，その気温での飽和水蒸気量のどれくらいの割合かを％で示したものを何という？　　　　　　　　　　[湿度]

② 気温 10 ℃，20 ℃ のとき，飽和水蒸気量はそれぞれ 9.4 g/m³，17.3 g/m³ である。露点が 10 ℃ の空気の，気温 20 ℃ での湿度は何％？　小数第 1 位
を四捨五入して，整数で答えよ。 $\left[\left(\dfrac{9.4\,\mathrm{g/m^3}}{17.3\,\mathrm{g/m^3}} \times 100 = 54.3\cdots より， \right) 54\% \right]$

③ 空気中の水蒸気が凝結して，水滴が空中に浮かんだものを何という？　[霧]

45 雲のでき方と降水

☑ 1｜雲をつくる実験

●**空気の体積と温度** … 空気は膨張すると，温度が下がる。圧縮すると，温度が上がる。

注射器 ピストン デジタル温度計	ピストンを急に引く。	空気が膨張して温度が下がる。 → 水蒸気が水滴に変わりフラスコ内が白くくもる。
	ピストンを押す。	空気が圧縮されて温度が上がる。 → 水滴が水蒸気に変わりフラスコのくもりが消える。

☑ 2｜雲のでき方

●**雲** … 上空に浮かぶ小さな水滴や氷の粒。下図のようにできる。

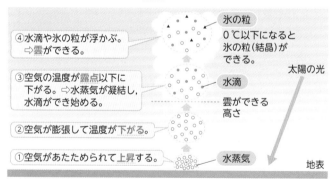

④水滴や氷の粒が浮かぶ。
⇨雲ができる。

③空気の温度が露点以下に下がる。⇨水蒸気が凝結し，水滴ができ始める。

②空気が膨張して温度が下がる。

①空気があたためられて上昇する。

氷の粒
0℃以下になると氷の粒（結晶）ができる。

太陽の光

水滴
雲ができる高さ

水蒸気

地表

✍ ミス注意

雲と霧は，水蒸気が水滴に変わり，空気中に浮いている点では同じだが，できる場所がちがう。雲は上昇した空気が膨張して温度が下がり，水蒸気が凝結してできる。霧は空気が地表付近で冷やされて水蒸気が凝結してできる。

テストでは 雲をつくる実験と関連させて，雲のでき方を問う問題が多い。上昇気流が生じる場合を図とともに覚えておこう。

3 | 上昇気流と雲のでき方

●**上昇気流と雲**…雲は，①〜④のような**上昇気流**の中で生じる。

①風が山の斜面に当たって上昇する。

②前線面に沿って，あたたかい空気が上昇する。
└ p.108

③低気圧の中心付近で上昇気流ができる。

④地表が熱せられ，あたためられた地表付近の空気が上昇する。

4 | 降水

(1)**降水**…雲をつくる水滴や氷の粒が成長して大きくなる。
→ 上昇気流では支えきれずに**雨や雪**として落ちてくる。

(2)**雨**…**水滴**が成長したものや**氷の粒がとけた**もの。

(3)**雪**…成長した**氷の粒がとけないで**落ちてきたもの。

📝 テ ス ト の 例 題 チ ェ ッ ク

① 空気が膨張すると，空気の温度はどうなる？ 　　　　　　　[下がる]

② 上空に浮かぶ小さな水滴や氷の粒を何という？ 　　　　　　　[雲]

③ 下降気流の中で，雲はできる？ 　　　　　　　　　　　　　[できない]

④ 地表で上昇気流ができるのは，熱せられたとき？　冷やされたとき？
　　　　　　　　　　　　　　　　　　　　　　[熱せられたとき]

⑤ 雲をつくる氷の粒が，途中でとけて落ちてきたものを何という？ 　　[雨]

46 気団と前線

☑ 1│気団

(1)**気団**…気温や湿度がほぼ一様な，**大きな空気のかたまり**。

①**高緯度の気団**…気温が**低い**。

②**低緯度の気団**…気温が**高い**。

③**陸上の気団**…**乾いている**。

④**海上の気団**…**しめっている**。

──日本付近の気団

(2)**日本付近の気団**

気団	発達する季節	発生地	特徴
シベリア気団	冬	高緯度・大陸上	冷たく，乾燥している。
小笠原気団	夏	低緯度・海上	あたたかく，しめっている。
オホーツク海気団	初夏・秋	高緯度・海上	冷たく，しめっている。

☑ 2│前線

(1)**前線面**…気温や湿度など性質のちがう**2つの気団**がぶつかってできる**境界面**。

──前線面と前線

(2)**前線**…前線面が**地表面**と交わる線。

(3)**前線と天気**…前線の両側では，**気温・湿度・風向・風力・天気**などが大きく**異なる**。

テストでは 発生場所による気団の性質のちがいがよく問われる。前線では，寒冷前線と温暖前線について，構造や記号をつかんでおこう。

✓ 3｜前線の種類

(1) **寒冷前線**（ ▼▼▼▼ ）

…**寒気が暖気の下にもぐりこみ，暖気を押し上げて進む。**

(2) **温暖前線**（ ●●● ）

…**暖気が寒気の上にはい上がり，寒気を押して進む。**

(3) **停滞前線**（ ●▲●▲ ）

…**寒気と暖気の勢力がほぼ等しいときにできる。ほとんど動かない。**

(4) **閉塞前線**（ ▲▲▲ ）

…**寒冷前線が温暖前線に追いついてできる。暖気は上空に押し上げられる。**

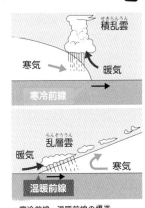

積乱雲

寒気　　暖気

寒冷前線

乱層雲

暖気　　　　　寒気

温暖前線

▶ 寒冷前線・温暖前線の構造
（➡は前線の進む向き）

✎ テストの例題チェック

① 気温や湿度がほぼ一様な，大きな空気のかたまりを何という？　　　［ 気団 ］

② 性質のちがう 2 つの気団がぶつかってできる境界面が地表面と交わる線を何という？　　　　　　　　　　　　　　　　　　　　　　　　　　　［ 前線 ］

③ 寒気が暖気の下にもぐりこんで進む前線を何という？　　　［ 寒冷前線 ］

④ 暖気が寒気の上にはい上がって進む前線を何という？　　　［ 温暖前線 ］

⑤ 寒気と暖気の勢力がほぼ等しい前線を何という？　　　　　［ 停滞前線 ］

⑥ 寒冷前線が温暖前線に追いついてできる前線を何という？　［ 閉塞前線 ］

47 前線と天気の変化①

☑ 1│寒冷前線の通過と天気の変化

(1)**寒冷前線の構造**…**寒気**が暖気を押し上げるようにして進む。
　⇒ 強い**上昇気流**が生じる。

(2)**寒冷前線の接近**…あたたかい**南寄り**の風がふき，**垂直に発達**
　した雲が近づいてくる。

(3)**寒冷前線の通過時**…発達した**積乱雲**によって**せまい**範囲に強
　い雨が短時間降る。
　▶ **雷**や**突風**，ひょうなどをともなうことも多い。

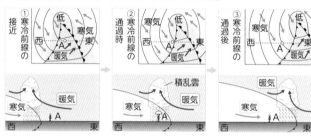

(4)**寒冷前線の通過後**

①**寒気**におおわれ
　るので，気温が
　急激に**下がる**。

②風が南寄りから
　北寄りに変わる。

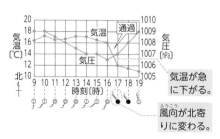

気温が急
に下がる。

風向が北寄
りに変わる。

▲ 寒冷前線通過時の気象データ

テストでは 前線が通過するときの気象データから前線の種類を答えさせる問題がよく出る。前線の通過にともなう現象をおさえておこう。

☑ **2 │ 温暖前線の通過と天気の変化**

(1) **温暖前線の構造** … 暖気が寒気の上にはい上がり，寒気を押して進む。

  ➡ **ゆるやかな上昇気流**が生じる。

(2) **温暖前線の接近** … 空に乱層雲や高層雲などの**層状**の雲が現れる。

(3) **温暖前線の通過時** … 広い範囲にできた乱層雲などによっておだやかな雨が長時間降り続く。

(4) **温暖前線の通過後** … 風は南寄りに変わる。**暖気におおわれる**ので，**気温が上がる**。

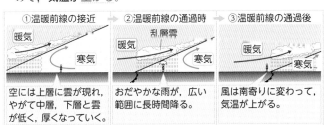

①温暖前線の接近	②温暖前線の通過時	③温暖前線の通過後
空には上層に雲が現れ，やがて中層，下層と雲が低く，厚くなっていく。	おだやかな雨が，広い範囲に長時間降る。	風は南寄りに変わって，気温が上がる。

✏ テ ス ト の 例 題 チ ェ ッ ク

① 積乱雲が発達するのは，寒冷前線？　温暖前線？　　　　　　[寒冷前線]

② 通過するとき，広い範囲におだやかな雨が降るのは，寒冷前線？　温暖前線？
　　　　　　　　　　　　　　　　　　　　　　　　　　　　　[温暖前線]

③ 寒冷前線の通過後，風向は北寄りと南寄りのどちらに変化する？　[北寄り]

④ 温暖前線の通過後，気温は下がる？　上がる？　　　　　　　[上がる]

48 前線と天気の変化②

☑ 1 温帯低気圧

(1)**温帯低気圧** … **中緯度帯**で発生する低気圧。
  ▶南東方向に**温暖前線**，南西方向に**寒冷前線**をともなう。

(2)**温帯低気圧の一生** … 温帯低気圧は，発達しながら**西から東へ進む**。
  ▶閉塞前線ができると，やがて消滅する。

①**発生** … **寒気**と**暖気**が接したところに**停滞前線**ができる。前線が波打つとうずまきが生じ，**低気圧**が発生する。

②**発達** … 低気圧は発達し，中心から，**南西方向に寒冷前線**，**南東方向に温暖前線**がのびる。

③**変化** … 寒冷前線は温暖前線に追いつき，**閉塞**前線ができる。
  ▶寒冷前線が移動する速さは温暖前線より**速い**。

④**消滅** … 閉塞前線ができると，地表はすべて寒気におおわれ，低気圧はおとろえて，やがて消滅する。

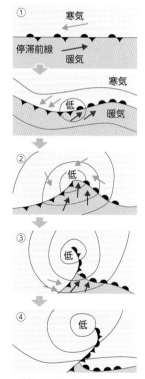

▲温帯低気圧の一生

2 | 温帯低気圧と天気の変化 出る

(1) **温帯低気圧の降雨域** … 低気圧の中心付近，**温暖前線の前方**と**寒冷前線の後方**。

(2) **温帯低気圧の移動** … 前線をともなって，**西**から**東**へ移動する。

(3) **温帯低気圧と天気の変化** … 温暖前線，寒冷前線の通過にともなって天気が変化する。

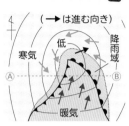

天気図上でのようす

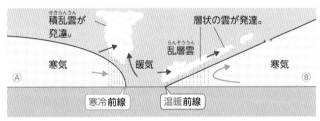

⤤ 上図Ⓐ—Ⓑでの垂直断面図

✏ テストの例題チェック

① 右図のような前線をともなう低気圧を何という？ 　　[温帯低気圧]

② 右図のＡは何前線？ 　　[寒冷前線]

③ 右図のＡの前線がＢの前線に追いつくと，何前線ができる？ 　　[閉塞前線]

④ 右図で，暖気におおわれている地点はア，イのどちら？ 　　[イ]

49 大気の動き

□ **1│地球規模の大気の動き**

(1) **大気の循環** … **太陽のエネルギー**によ
り，大気が循環している。

● 大気は赤道付近であたたかく，極付
近では冷たい。

　⇒ **温度差**により**気圧差**が生じ，**緯**
度によって特徴的な風がふく。

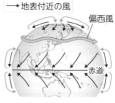

→ 上空の風
→ 地表付近の風

偏西風

赤道

大規模な大気の動き

(2) **偏西風** … 日本をふくむ**中緯度帯**の上
空で**1年中ふいている強い西風**。

▶ 偏西風の影響で，日本付近の低気圧や移動性高気圧は，**西**か
ら**東**へ移動する。
└─ p.117

□ **2│季節風**

(1) **陸と海のあたたまりやすさ** … 陸は海に比
べて，**あたたまりやすく，冷えやすい。**

(2) **季節風** … 大陸と海の**温度差**によってふ
く，季節に特徴的な風。

① **冬の季節風** … 冬は海より**大陸の方が**
冷えて気圧が**高い。**

　⇒ 大陸から海へ**北西**の風がふく。

② **夏の季節風** … 夏は海より**大陸の方が**
あたたまり気圧が**低い。**

　⇒ 海から大陸へ**南東**の風がふく。

ユーラシア大陸　　　冬

高気圧

低気圧

季節風　　　太平洋

ユーラシア大陸　　　夏

低気圧

高気圧

季節風　　　太平洋

冬と夏の季節風

テストでは 日本付近を通過する低気圧や高気圧と偏西風との関係，季節風や海陸風が陸上と海上の空気の温度差によってふくことがよく出る。

3 | 海陸風

(1) **海陸風** … 陸上と海上の空気の**温度差**によって，昼と夜で風向きが変化する。

(2) **海風** … 昼に海から陸へ向かってふく風。

▶ 昼は海の方の気圧が高い。

→ **海から陸へ風がふく。**

(3) **陸風** … 夜に陸から海へ向かってふく風。

▶ 夜は陸の方の気圧が高い。

→ **陸から海へ風がふく。**

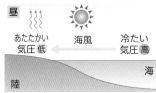

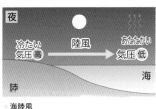

海陸風

くわしく

気温が高いところでは，**上昇気流**が発生して気圧が低くなる。逆に気温が低いところでは，**下降気流**が発生して気圧が高くなる。このように温度差によって気圧差が生じ，風がふく。

テストの例題チェック

① 中緯度付近の上空で1年中ふいている強い西風を何という？ 　　　[偏西風]

② 大陸と海の温度差によってふく，季節に特徴的な風を何という？ 　　[季節風]

③ 日本付近で冬の季節風はどのような風向？ 　　　　　　　　　　　　[北西]

④ 日本付近で夏の季節風はどのような風向？ 　　　　　　　　　　　　[南東]

⑤ 昼，気圧が高くなるのは，陸と海のどちら？ 　　　　　　　　　　　　[海]

⑥ 昼にふく風は，陸→海，海→陸のどちら向き？ 　　　　　　　　　[海→陸]

50 日本の天気

□ 1 | 冬の天気

(1) **西高東低の気圧配置** … 西の大陸上に**シベリア高気圧**が，東の太平洋上に**低気圧**が発達する。

(2) **天気の特徴** … 冷たい**北西の季節風**がふき，日本海側は雪やくもり，太平洋側は**乾燥**した**晴れ**の日が多くなる。

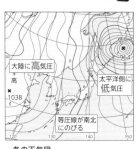

- 大陸に高気圧
- 太平洋側に低気圧
- 等圧線が南北にのびる

▲ 冬の天気図

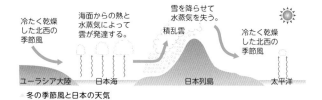

冷たく乾燥した北西の季節風

海面からの熱と水蒸気によって雲が発達する。

雪を降らせて水蒸気を失う。

積乱雲

冷たく乾燥した北西の季節風

ユーラシア大陸　日本海　日本列島　太平洋

▲ 冬の季節風と日本の天気

□ 2 | 夏の天気

(1) **南高北低の気圧配置** … 太平洋高気圧の勢力が強くなり，日本の**南**側に**高気圧**が発達し，**北**側に**低気圧**がある。

(2) **天気の特徴** … あたたかくしめった**南東の季節風**がふき，蒸し暑い日が続く。

- 大陸に低気圧
- 高気圧の勢力が強い

▲ 夏の天気図

☑ 3 | 春・秋の天気

● **春・秋の天気** … 低気圧と高気圧が**西から東へ交互に通過**し，4～7日の周期で**天気が変わりやすい**。

▶**移動性高気圧** … 春と秋によく見られる移動する高気圧。

☑ 4 | 梅雨（つゆ）・秋雨・台風

(1)**梅雨・秋雨** … 東西に**停滞前線**がのびて，雨やくもりの日が多くなる。**梅雨**は夏のはじめ，**秋雨**は夏の終わりごろ。

▶停滞前線は，**小笠原気団**と**オホーツク海気団**の勢力がつり合ってできる。

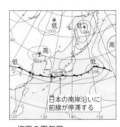

日本の南岸沿いに前線が停滞する

梅雨の天気図

(2)**台風** … 熱帯地方で発生した**熱帯低気圧**のうち**最大風速が17.2 m/s以上の**もの。前線はともなわない。

①天気図では，間隔のせまい**同心円状の等圧線**で表される。

②**夏から秋ごろ**日本に接近して**強風**と**大雨**をもたらす。

✏ テストの例題チェック

① 冬によく見られる気圧配置を何という？ 　　　　　　　[西高東低]

② 日本付近で，夏にふく季節風の風向は？ 　　　　　　　[南東]

③ 春や秋に西から東へ移動する高気圧を何という？ 　　　[移動性高気圧]

④ 夏のはじめ，雨やくもりの日が多い時期を何という？ 　[梅雨（つゆ）]

⑤ 梅雨の天気は，何前線によるもの？ 　　　　　　[停滞前線（梅雨前線）]

⑥ 最大風速が17.2 m/s以上の熱帯低気圧を何という？ 　　[台風]

✓ テスト直前 最終チェック！ ▶▶

■ 1 | 気象観測と天気の変化

● 天気図記号

天気	記号
快晴	○
晴れ	◐
くもり	◎
雨	●

● **圧力**… 面積 1 m² あたりの面を垂直に押す力。単位Pa,N/m²

$$圧力〔Pa〕 = \frac{面を垂直に押す力〔N〕}{力を受ける面の面積〔m^2〕}$$

● **大気圧**… 大気による圧力。海面では約 1013 hPa（1気圧）。

● **等圧線**… 気圧の等しい地点を結んだ曲線。**間隔がせまいほど風が強い。**

● **気圧と風**… 風は気圧の高いところから低いところへ向かってふく。

● 高気圧と低気圧

高気圧	低気圧
中心付近は下降気流	中心付近は上昇気流
地上付近では時計回りに風がふき出す。	地上付近では反時計回りに風がふきこむ。

■ 2 | 空気中の水蒸気の変化

● **飽和水蒸気量**… 気温が高くなるほど大きくなる。

● **露点**… 空気中にふくまれる水蒸気が凝結し始めるときの温度。

● $$湿度〔\%〕 = \frac{1m^3の空気にふくまれる水蒸気の質量〔g/m^3〕}{その空気と同じ気温での飽和水蒸気量〔g/m^3〕} \times 100$$

● **雲の発生**… 雲は上昇気流の中で発生する。

空気のかたまりが上昇。	➡	空気が膨張して温度が下がる。	➡	空気の温度が露点に達する。	➡	水蒸気が凝結して雲が発生。

4章 天気とその変化

■ 3 前線と天気の変化

●日本付近の気団

シベリア気団
(冷たく，乾燥している)

オホーツク海気団
(冷たく，しめっている)

冬

梅雨
秋雨

夏

小笠原気団
(あたたかく，しめっている)

●前線の種類

寒冷前線 ▼▼▼	寒気が暖気を押す。
温暖前線 ●●●	暖気が寒気を押す。
停滞前線 ▼●▼●	つり合っている。
閉塞前線 ▲●▲●	寒冷前線が温暖前線に追いついてできる

●前線の通過時の天気や気温

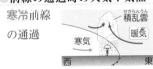

寒冷前線
の通過

積乱雲

暖気

寒気

西　　　　東

強い雨がせまい範囲に短時間降る。
⇨通過後，北寄りの風，気温が下がる。

温暖前線
の通過

乱層雲

暖気

寒気

弱い雨が広い範囲に長時間降る。
⇨通過後，南寄りの風，気温が上がる。

●温帯低気圧 … 南西方向に寒冷前線，南東方向に温暖前線をともない，西から東へ移動。

●偏西風 … 中緯度付近の上空で常にふいている強い西風。

●季節風 … 冬は北西の風，夏は南東の風がふく。

●海陸風 … 昼は海風(海→陸)，夜は陸風(陸→海)がふく。

●日本の天気

冬 … 西高東低。北西の季節風。
日本海側は雪，太平洋側は晴れ。

夏 … 南高北低。南東の季節風がふき，蒸し暑い日が多い。

梅雨 … 日本の南岸に停滞前線。(梅雨前線)くもりや雨の日が多い。

春・秋 … 低気圧と移動性高気圧が通過。天気が変わりやすい。

中2の まとめ 重要用語チェック

✓

* 学年末テストの対策学習のときなどに活用しましょう。
* 各用語の右の□はチェックらんです。

あ

□ **圧力** ………… 94 　1 m² など単位面積あたりの面を垂直に押す力。単位はパスカル（記号Pa），またはN/m²。

□ **アンペア** …… 66 　電流の大きさ（強さ）を表す単位。記号A。

□ **維管束** ……… 37 　道管と師管が束になって集まっている部分。

□ **移動性高気圧**… 117 　春や秋によく見られる高気圧。西から東へ移動する。

□ **陰極線** ……… 88 　真空放電管の−極から出る電子の流れ。

□ **うずまき管** … 57 　音（振動）を刺激として受けとる細胞がある，耳の中の器官。うずまき形をしている。

□ **運動神経**…… 58 　中枢神経（脳や脊髄）からの命令を筋肉に伝える神経。

□ **液胞** ………… 34 　植物の細胞に見られ，細胞活動で生じた物質がとけた液で満たされた袋。

□ **オームの法則**… 73 　電流は電圧に比例する。
電圧 V＝抵抗 R×電流 I

□ **小笠原気団** … 108 　あたたかくしめっている。夏に発達。

□ **温帯低気圧**… 112 　中緯度帯で発生する低気圧。

□ **温暖前線** … 109 　暖気が寒気を押して進む前線。

か

□ **海陸風** …… 115 　1 日のうちに陸と海の間でふく風。昼にふく海風，夜にふく陸風がある。

な

読者アンケートのお願い

本書に関するアンケートにご協力ください。
右のコードか URL からアクセスし、
以下のアンケート番号を入力してご回答ください。
当事業部に届いたものの中から抽選で年間 200 名様に、
「図書カードネットギフト」500 円分をプレゼントいたします。

Webページ https://ieben.gakken.jp/qr/derunavi/

アンケート番号 | 305535

定期テスト 出るナビ　中2理科　改訂版

本文デザイン	シン デザイン
編集協力	晴れる舎・斎藤貞夫, 須郷和恵
図　版	株式会社アート工房, 株式会社ケイデザイン
イラスト	あくざわめぐみ
写　真	写真そばに記載, 無印:編集部
DTP	株式会社 明昌堂

この本は下記のように環境に配慮して製作しました。
・製版フィルムを使用しないCTP方式で印刷しました。
・環境に配慮して作られた紙を使用しています。
※赤フィルターの材質は「PET」です。

© Gakken
本書の無断転載, 複製, 複写 (コピー), 翻訳を禁じます。
本書を代行業者等の第三者に依頼してスキャンやデジタル化することは,
たとえ個人や家庭内での利用であっても, 著作権法上, 認められておりません。